现代 CHAYE SHENGCHAN
茶叶生产
实/用/技/术/问/答

王友海　邬运辉　邓余良◎主编

XIANDAI
CHAYE SHENGCHAN
SHIYONG JISHU WENDA

长江出版传媒　湖北科学技术出版社

中国是茶叶的原产地，是世界上最早发现和利用茶叶的国家。21世纪以来，中国茶产业迎来了千载难逢的发展机遇，茶园面积逐年扩大，茶叶产量不断增加，中国现有21个省、市、自治区产茶，2016年全国茶园面积达到4 353万亩，产量240.5万吨。茶产业已成为丘陵山区农民脱贫致富的民生产业、农业增效的支柱产业、农村增绿的生态产业、人民生活质量提高的健康产业、弘扬中国文化的传承产业。

中国茶产业经过多年的快速发展，产销形势发生了明显变化，已进入转型升级的新阶段。目前，茶叶生产面临标准化程度低、产能过剩、劳动力等资源短缺、发展不平衡等突出问题，这些将越来越影响茶产业的未来发展，亟须通过实施创新驱动发展策略，进行供给侧结构性改革，转方式调结构，不断提高对市场需求变化的适应性和灵活性，推动茶产业持续健康发展。

本书作者长期扎根基层，了解茶叶实际生产和技术需求情况。该书针对茶叶生产者、经营者，对有关茶树生长、茶园管理、病虫害防治、茶叶采制、茶叶包装、茶叶销售、茶叶品饮等方面经常碰到的实用性技术问题进行深入浅出地解答，结构分明、通俗易懂、可操作性强，对帮助茶农及茶叶生产者、经营者提高茶叶生产技术水平、提升茶业经济效益具有很强的指导价值，可作为丘陵山区茶叶企业技术人员及新型职业农民培训的重要参考书。

中国农业科学院茶叶研究所副所长 江用文

2018年12月

前 言

"茶者,南方之嘉木也,一尺、二尺乃至数十尺。其巴山峡川有两人合抱者,伐而掇之……" 茶树原产于中国,传播于世界。目前,我国共有 1000 多个县产茶,植茶区域主要集中在东经 102°以东、北纬 32°以南地区,地形涵盖平原、盆地、丘陵、山地和高原等各种类型,尤其以丘陵栽培最多。

茶叶作为丘陵山区的一种重要经济作物,其产量、质量和效益直接影响农民增收、农业增效。本书根据丘陵山区茶产业发展实际,结合茶叶生产者、经营者反映的技术需求,整理提炼出两百多个茶叶实用性技术问题,并深入浅出地进行解答。以期为丘陵山区茶农、茶企技术人员提供技术指导,为新型职业农民培训提供重要参考。

本书由中国农业科学院茶叶研究所、宜昌市农业科学研究院、五峰土家族自治县茶叶局、宜都市特产技术推广中心、夷陵区农业技术推广中心、长阳土家族自治县茶叶局、秭归县特产技术推广中心、兴山县特产局、萧氏茶业集团有限公司、鑫鼎生物科技有限公司、秭归县九畹丝绵茶业有限公司等单位的茶叶生产技术专家联合编写。主要包括茶树生育与繁殖,茶园建设与管理,有机茶生产,病虫草害防治,茶叶加工、贮运、包装、销售与品饮等方面的内容。

由于编写时间仓促,加之编者水平有限,书中难免有不当之处,欢迎广大读者批评指正。

编 者

2019 年 1 月

一、茶树生长与繁殖

三、有机茶生产

四、茶园病虫害的防治

五、茶叶采制技术

六、茶叶贮运、包装和销售管理

七、科学饮茶

一、茶树生长与繁殖

茶树是什么？

茶,学名为 *Camellia sinensis* (L.) O. Ktze.,属山茶科山茶属。按茶树类型分为灌木、小乔木、乔木三种类型,嫩枝无毛。叶革质,长圆形或椭圆形,先端钝或尖锐,基部楔形,上面发亮,下面无毛或初时有柔毛,边缘有锯齿,叶柄无毛。花白色,花柄有时稍长;萼片阔卵形至圆形,无毛,宿存;花瓣阔卵形,基部略连合,背面无毛,有时有短柔毛;子房密生白毛;花柱无毛。蒴果3球形或1～2球形,高1.1～1.5厘米,每球有种子1～2粒。花期10月至翌年2月。

茶(图1),通常是指从山茶科属常绿灌木上采摘新梢,经加工制成的一种低热值、无酒精饮料。从茶树上采摘的嫩枝芽叶,叫"鲜叶",是各类茶叶品质的物质基础。制成成茶后,按加工方法和茶多酚氧化程度,可把茶分为绿茶、白茶、黄茶、青茶、黑茶、红茶六大类;根据出口茶类别将茶叶分为绿茶、红茶、乌龙茶、白茶、花茶、紧压茶和速溶茶七大类;以制法命名如全发酵茶、半发酵茶、不发酵茶、烘青、炒青、蒸压茶、萃取茶等;以销路命名如边销茶、外销茶、内销茶、侨销茶等。

图1 茶

茶树的起源地在哪里?

目前,对于茶树的起源地主要有4种观点:一是起源于中国;二是起源于印度;

三是起源于伊洛瓦底江发源地；四是大叶种和小叶种茶树分别起源于两个地方的二元说。20世纪以来，我国茶叶工作者在全国各地开展了广泛的茶树品种资源调查研究，发现了大量的野生茶树资源及相关资料，充分证明中国是茶树的原产地。现有资料进一步表明，茶树起源于云贵高原，我国西南地区属于茶树起源地的一部分。印度现在的野生茶树是从云贵高原向西传播的结果。

3 茶树的一生可划分为哪几个时期？

茶树在自然条件下生长发育的时间为生物学年龄。按照茶树的生育特点，常把茶树划分为4个生物学年龄时期，即幼苗期、幼年期、成年期、衰老期。

茶树幼苗期就是指从茶籽萌发到茶苗出土至第一次生长休止时为止。无性繁殖的茶树，是从营养体再生到形成完整独立植株的时间，需4～8个月的时间。

幼年期是指茶树从第一次生长休止到茶树正式投产的时期，3～4年，时间的长短与栽培管理水平、自然条件有着很密切的关系。完成这一时期后，茶树有的3～5年足龄。有的茶树七八龄仍然不能正式投产，主要是管理或其他条件不善，引起茶树生长衰弱。

成年期是指茶树正式投产到第一次进行更新改造时为止的时期，亦称青、壮年时期，这一生物学年龄时期，可长达20～30年。成年期是茶树生育最旺盛的时期，产量和品质都处于高峰期。

衰老期是指茶树从第一次更新开始到植株死亡为止的时间。这一时期的长短因管理水平、环境条件、品种的不同而异，一般可达数十年，茶树的一生可有100年以上，而经济年限一般只有40～60年。衰老期应当加强管理，以延缓每次更新间隔的时间，使茶树发挥出最大的潜力，延长经济生产年限。当茶树已十分衰老，经过数次台刈更新后，产量仍不能提高，应及时挖出改种。

4 茶树生长对光照有什么要求？

茶树喜光耐阴，忌强光直射。在其生育过程中，茶树对光谱成分、光照度、光照时间等有着与其他作物不完全一致的要求与变化。

茶树在红光、橙光照射下能迅速生长发育，且碳代谢、碳水化合物的形成更加旺盛；蓝光与紫光不仅在生理上对茶树氮代谢、蛋白质形成有重大意义，而且与一些含氮的品质成分如氨基酸、维生素和很多香气成分的形成有直接的关系，因此可以采用不同颜色薄膜覆盖提高茶叶产量，提前开采。

茶树具有喜光怕晒的特性，在茶园内合理地种植遮阴树以调节控制一定的光照度，有利于茶树生长。茶园内种植遮阴树不仅可以调控光照度，还有多层利用茶园种植空间，改变单一种植的生态环境，改善茶园光质，增加光散射辐射比例，提高光能利用率,改善茶叶品质的作用。

茶树是一种短日照植物,对光照时间的要求表现在辐射总量和光周期两个方面。一般情况下,日照时间越长,茶树叶片接受光能的时间越长,叶绿素吸收的辐射能量就越多,光合产物积累量就越大,有利于茶树生长和茶叶产量的提高。

 茶树生长对温度有什么要求?

茶树的一切生长、生理活动都需要在一定的温度条件下进行,它是茶树高产优质的最基本生态因子之一。中、小叶种茶树经济生长最低气温为 $-8 \sim 10℃$,大叶种为 $-2 \sim 3℃$;新梢生长最适宜温度为 $20 \sim 25℃$;茶树能耐最高温为 $35 \sim 40℃$。温度高,有利于茶树体内碳代谢,利于糖类化合物合成、运送、转化,使糖类转化为多酚类化合物速度加快;相反,当温度低于 $20℃$ 则不利于多酚类化合物合成。茶树生长对地温和积温也有一定的要求,地温在 $14 \sim 20℃$ 时,新梢生长速度最快,其次是 $21 \sim 28℃$,低于 $13℃$ 或高于 $28℃$ 生长都较缓慢;茶树的最低生物学温度为 $10℃$,其全年至少需要大于 $10℃$ 的活动积温 $3\,000℃$。

 茶树生长对水分有什么要求?

水分是茶树有机体的重要组成部分,也是茶树生长过程不可缺少的生态因子。茶树光合、呼吸等生理活动的进行,营养物质的运输,都必须有水分的参与。茶树性喜湿润、喜湿怕涝,水分不足或水分过多,都不利于茶树生长。适宜栽培茶树的地区,年降水量必须在 1 000 毫米以上。茶树生长期月降水量要求大于 100 毫米,如连续几个月降水量小于 50 毫米,而且又未采取人工灌溉措施,茶叶单产必将大幅下降。当大气相对湿度为 80%～90% 时,适宜茶树生长,一般新梢叶片长,节间长,新梢持嫩性强,叶质柔软,内含物丰富,因此茶叶品质好;若大气相对湿度小于50%,则新梢生长受到抑制。当土壤相对含水率为 70%～90% 时,适宜茶树生长,各项生理生化指标均较高,茶叶品质也较好。

 茶树生长对土壤环境有哪些要求?

土壤是茶树赖以生存的场所,从中摄取水分、养分,能满足茶树对水、肥、气、热的需求,是茶叶生产的重要资源。茶树生长对土壤环境的要求主要体现在土壤物理条件和化学条件两个方面。

土壤物理条件是指土层厚度,土壤质地、结构、容重和孔隙度,土壤空气,土壤水分和土壤温度等因素。它们直接或间接影响茶树根系生存的基本条件,进而对茶树生育、产量、品质会有很大影响。土壤疏松、土层深厚(有效土层应达 1 米以上)、排水良好的砾质、沙质壤土适宜茶树生长;土壤结构以表土层微团粒、团粒结构，心土层为块状结构较好；茶园土壤的地下水位要低于茶树根系分布部位，土壤水分过多时，由于土壤孔隙被水分完全堵塞，而原有的根系会处于淹水中，根系正常呼吸受阻，影响茶树的生命过程。

土壤化学条件是指土壤酸碱度、土壤有机质和无机养分等因素。茶树是喜欢酸性土壤和嫌钙植物，适宜植茶的土壤pH值在4.0～5.5；高产优质的茶园土壤有机质含量要求达到2.0%以上。

8　茶树根系分布受哪些条件的影响？

茶树根系(图2)在土壤的分布，依树龄、品种、种植方式与密度、生态条件以及农艺措施等方面而有不同。

成年期茶树根系由直根系类型逐渐转变成分枝根系类型，由于侧根级数的不断增加，向四周呈放射状扩展，使行间根系互相交错，侧根逐渐加粗，直至粗度与主根没有明显区别。若生长在质地疏松的土壤中，主根可以深入2米以下，侧根分布范围约为树冠的1.5倍。耕作制度方面，若行间经常耕作，根系水平分布范围与树冠幅度大致相仿；在免耕或少耕地茶园内，根幅常大于冠幅。茶树根系具有向肥性、向湿性、忌渍性，以及向土壤阻力小方向生长的特性，故有时根系幅度和深度不一定与树冠幅度和高度相对应。

茶树根系分布状况与生长动态是制订茶园施肥、耕作、灌溉等管理措施的主要依据。"根深叶茂"充分说明培育好根系的重要性。影响茶树根系生育的外部因子主要是温度、养分和水分。生产中如能正确调整好该3个因子的平衡，尤其是保证养分供应，对实现茶叶高产优质十分有利。

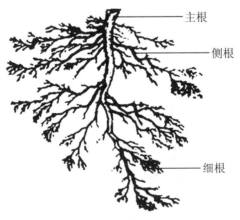

图2　茶树根系

9　茶树枝梢生长有哪些规律？

枝条原始体就是茶芽，芽伸展首先展开叶片，节间伸长而形成新梢，新梢增粗，长度不断增长,木质化程度不断提高而成为枝条。

茶芽的生长活动和外界环境条件有着密切的关系。在我国大部分茶区,茶芽萌发的迟早、新梢的生长速度都与温度呈正相关,春季雨水充裕,新梢生长主要取决于温度;在茶芽伸长过程中如果有足够的养分供茶树吸收利用,则可加快生长速度,外界环境条件不利于新梢生长时,新梢的展叶数少,长势差、瘦弱、节间短、顶芽被迫休止,顶端的两片叶子成对夹叶。当茶芽发育成为新梢后,其形态、长短、粗细、重量和着叶数量随着各项条件而变化,同一品种在相同环境下,新梢长度随着展叶多少而增减,展叶数越多新梢越长,新梢的重量与展叶数、茶树品种、管理水平、茶树树龄等有关。

10 如何区别叶芽、花芽和驻芽?

茶芽(图3)分为叶芽(又称营养芽)和花芽2种。叶芽发育为枝条,花芽发育为花。叶芽依其着生部位不同又分为定芽和不定芽。而定芽又分为顶芽和腋芽。生长在枝条顶端的芽称为顶芽,生长在叶腋的芽成为腋芽。一般情况下顶芽大于腋芽,而且生长活动能力强。当新梢成熟后或因水分、养分不足时,顶芽停止生长而形成驻芽。

图3 茶芽

11 如何区别鳞片、鱼叶和真叶?

茶树叶片分为鳞片、鱼叶(图4)和真叶3种。鳞片无叶柄,质地较硬,呈黄绿色或棕褐色,表面有茸毛与蜡质,随着茶芽萌展,鳞片逐渐脱落。鱼叶是发育不完全的叶片,其色较淡,叶柄宽而扁平,叶缘一般无锯齿,或前端略有锯齿,侧脉不明显,叶形多呈倒卵形,叶尖圆钝。每轮新梢基部一般有鱼叶 1 片,多则 2～3 片,但夏秋梢无鱼叶的情况也有发生。真叶是发育完全的叶片。

图 4　鳞片、鱼叶

 茶树叶片有哪些特征?

茶树叶片(图 5)的形态一般为椭圆形或长椭圆形,少数为卵形和披针形;叶色有淡绿色、绿色、浓绿色、黄绿色、紫绿色,茶类适制性与叶色有关。叶尖的尖凹,是茶树分类依据之一,分急尖、渐尖、钝尖、圆尖等。叶片有光滑、隆起与微隆起之分;隆起的叶片,叶肉生长旺盛,是优良品种特征之一。叶缘有锯齿,呈鹰嘴状,一般 16～32 对,随着叶片老化,锯齿上腺细胞脱落,并留有褐色疤痕,这也是茶树叶片特征之一。叶面光泽性有强、弱之分,光泽性强属优良特征。叶缘性状有的平展,有的呈波浪状。嫩叶背面生茸毛,是品质优良的标志。叶片着生状态有直立、水平和下垂之分。

1. 叶尖　2. 叶片
3. 主脉　4. 侧脉
5. 叶缘　6. 叶基
7. 叶柄

图 5　茶树的叶片

茶叶主脉明显,主脉再分出细脉,连成网状,故称网状脉。侧脉呈 45°伸展至叶缘约 2/3 的部位,向上弯曲与上方侧脉相连接,侧脉对数因品种而异。叶片大小以定型叶的叶面积来区分,叶面积大于 50 平方厘米的属特大叶,28～50 平方厘米的属大叶,14～28 平方厘米的为中叶,小于 14 平方厘米的为小叶。

 对夹叶是如何形成的?

对夹叶,亦称"不正常新梢""异常芽叶",是因顶芽生长停止而新梢靠近顶芽形似对生状态的两片叶。形成的原因或是由于管理不善,或是因为顶芽已到生长年限,所以形成对夹叶。

茶树何时开花结实?

茶树开花结实是实现自然繁殖后代的生殖生长过程。茶树一生要经过多次开花结实,一般生育正常的茶树从第 3～5 年就开花结实,直至植株死亡。茶树开花结实的习性,因品种、环境条件不同而有差异。多数品种都是可以开花结实的,但有些品种,如政和大白茶、福建水仙、佛手等是只开花不结实,或者是结实率极低。

茶树的开花期,在我国大部分茶区是从 9 月中、下旬开始,有的在 10 月上旬。从花芽分化到开花,需 100～110 天;从花芽形成到种子成熟,约需一年半的时间。在茶树上,每年的 6 月至 12 月,一方面是当年的茶花(图 6)孕蕾开花和授粉,另一方面是上一年受精的茶果发育形成种子并成熟的过程,二年的花、果同时发育生长,这是茶树生物学的特征之一。这些过程会大量消耗养分,往往对营养生长有抑制作用,导致新梢生长慢。

图 6　茶花

为什么说"高山云雾出好茶"?

一般来说,海拔愈高,气压与气温愈低,而降水量和空气湿度在一定范围内随着海拔的升高而增加,超过一定海拔又下降。茶叶的物质代谢受外界条件影响,山区云雾弥漫,有利碳代谢、碳水化合物合成的红光成分较少,而有利氮代谢的蓝光成分较多,因此不同海拔高度的鲜叶中茶多酚、儿茶素、氨基酸的含量也不一样,茶多酚和儿茶素等苦涩味物质含量随着海拔的升高而减少,而氨基酸(茶氨酸)等鲜爽类物质随着海拔的升高而增加。另外,某些鲜爽、清香型的芳香物质在海拔较高、气温较低的条件下积累量大。高山茶园(图 7)一般气候温和,雨量充足,云雾缭绕,湿度较大，昼夜温差大，加上附近森林茂密，土壤腐殖质含量高、肥力足，生态条件优越。在这种生态条件下，茶树生长势旺盛，芽叶肥壮，持嫩性好，纤维素合成速度减慢，从而为生产优质茶叶创造了良好的条件，所以说"高山云雾出好茶"。

图7　高山茶园

 茶树无性繁殖和有性繁殖各有什么特点？

无性繁殖是以茶树营养体为材料，由于不经过雌雄细胞的融合过程，后代能完全保持母体的遗传特性。与有性繁殖相比，无性繁殖能保持良种的特征特性；无性繁殖后代性状一致，有利于茶园的管理和机械化作业，特别是有利于机械化采茶，其鲜叶原料均匀一致，有利于保持和提高加工品质；繁殖系数大，有利于迅速扩大良种茶园面积，同时克服某些不结实良种在繁殖上的困难；技术要求高，成本较大，苗木包装运输不方便；母树的病虫害容易传输给后代；苗木的抗逆能力比实生苗要弱。

茶树有性繁殖是茶树繁殖后代的一种主要方式，其基本原理是由茶树的双亲提供配子，按照独立分配法则，自由组合成新的合子，在适宜的条件下新的合子发育成完整的种子，以种子进行后代繁殖。与无性繁殖相比，茶树有性繁殖幼苗主根发达，抗逆性强；采种、育苗和种植方法简单，茶籽运输方便，便于长距离引种，成本低，有利于良种的推广；有性繁殖的后代具有复杂的遗传性，有利于引种驯化和提供丰富的育种材料；后代个体出现性状分离和差异，芽叶色泽、萌芽期都有不同，对机械化采茶作业有一定影响，原料差异也会导致加工作业和品质保证的困难；对于结实率低的品种，难以用种子繁殖加以推广。

17 如何培育采穗母树?

"母肥才能子壮",母树生长的好坏,对穗条质量优劣和产量高低有着直接的影响。同时,还影响扦插发根、成活以及扦插苗的质量。采穗母树的培育要抓住以下几点:

(1)加强肥水管理。采穗母树,每年都要进行较重的修剪,并剪取大量穗条,养分消耗量大,必须加大施肥量,以补充其养分的消耗。母本园的施肥,应以有机肥和氮肥为主,配以一定量的磷、钾肥。有机肥一般作基肥,在养穗的前一年秋季施用,每 667 平方米用量为饼肥 200 ~ 250 千克或厩肥 2 000 ~ 2 500 千克,另加硫酸钾 20 ~ 30 千克、过磷酸钙 30 ~ 40 千克,拌匀后施下。氮肥一般作追肥,每年每 667 平方米用量 15 千克纯氮,分 2 次施用。第一次在春茶前,施用总量的 60%;第二次在插穗剪取后,施用剩余的 40%。若采完春茶再修剪养穗,则在修剪后要立即追施 1 次氮肥。

(2)加重修剪程度。修剪具有刺激潜伏芽萌发和促进新梢旺盛生长的作用。随着修剪程度的加重,虽然新梢萌发数量有所减少,但生长力更强,单个新梢的长度和重量都增加,尤其是适合扦插用的有效枝条产量显著增加;相反,不修剪或修剪较轻的母树,虽然新梢萌发数量较多,但枝条比较细弱,有效枝条产量低。因此,适当加重修剪程度,是提高穗条质量和数量的有效措施之一。养穗母树的修剪程度,应根据树龄、树势来确定。生长旺盛的青壮年母树,修剪高度一般距地面 40 ~ 50 厘米,但每次剪口部位都要略高或略低;对于树势早衰,或因连续多年剪穗而出现细弱枝增多、新梢生育无力的母树,则应采取重修剪,修剪高度距地面 20 ~ 30 厘米。对于这类母树,在穗源充足的条件下,应停止剪穗 1 ~ 2 年,让其休养生息,待树势恢复后,再行修剪。而那些树龄大的衰老茶树,一般不再作养穗母树,以免影响后代的生活力;一定要使用时,则须台刈更新后再用。养穗母树的修剪时间,应随扦插时间而定。一般夏季扦插,要在春茶前修剪,留养春梢供作插穗;秋冬扦插,可在春茶后修剪,留养夏秋梢供作插穗。

(3)及时防治病虫害。母本园在养穗过程中,因肥培管理良好,新梢肥嫩,常易遭病虫危害,不及时防治,就会影响穗条产量和质量,严重时会造成毁灭性损失。因此,在养穗过程中,要加强病虫害测报和检查,发现病虫害及时防治。此外,为了防止将母树上的病虫带入苗圃,或随插穗外运带入异地,在剪穗前要根据病虫害情况,进行喷药消毒。病虫防治方法与一般采茶园相同。

(4)灌水抗旱。干旱是影响母树生长和穗条产量、质量的因素之一。如母树刚修剪完就遭遇旱害,会延缓新梢萌发时间,并造成新梢生长无力、枝条细弱短小;如在新梢生长旺盛期遇到高温、干旱,易造成叶片灼伤、嫩梢凋萎,甚至枯死;如剪穗

后遇到干旱和烈日暴晒,会引起母树叶片焦枯,影响母树生长。因此,在养穗过程中,遇到高温干旱时,要及时灌水抗旱,并在行间铺草。有条件的最好使用喷灌。

(5)分批摘顶。用作扦插穗条的新梢,需要一定的木质化程度。为促进新梢木质化,提高穗条利用率,一般在剪穗前10天左右进行摘顶,将枝梢顶端的1芽1叶或对夹叶摘去。由于新梢萌发的迟早、生长的快慢存在一定差异,因此摘顶时,宜分批进行。新梢长度已达到25厘米以上、基部已开始红变的先摘顶;短小、细嫩的新梢可留养一段时间后再摘顶。先摘顶的先剪穗,后摘的后剪穗。

18 如何建立扦插苗圃?

扦插苗圃是扦插育苗的场所。其条件的好坏与扦插发根、成活及苗木质量、管理工效等均有密切关系。因此,必须尽量创造一个良好的环境条件,以提高扦插成活率和苗木质量。

(1)圃地选择。扦插苗圃地选择主要应注意以下几个方面因素:①土壤pH值为4.5～5.5,无碱性反应,土壤结构良好,土层深度在40厘米以上,一般以壤土为好,肥力中等以上。②地势平坦,地下水位低,确保雨季不积水,旱季易浇灌。③前作连续多年种植番茄、茄子、虹豆、烟草等作物的熟地,常有根线虫危害,不宜作扦插苗圃。④苗圃应设在交通便利,靠近茶苗移栽地的地方,以减少苗木运输路程和时间,便于带土移栽,提高成活率。⑤苗圃宜建在避风向阳处,以增强受光,减轻寒害。

(2)整地作畦。苗圃地选择好后,要全面翻耕,深度在30～40厘米。翻耕可结合施基肥,每667平方米基肥施用量为500～2 000千克腐熟的厩肥,或150～200千克腐熟的菜饼,翻耕后将土块打碎、地面耙平即可作畦。扦插苗畦的规格为长15～20米、宽1.2米左右,高度随地势与土质而定,一般缓坡地或平地10～15厘米,水田或土质黏重的苗畦高25～30厘米,畦沟(畦与畦之间的排水沟)底宽30厘米、面宽40厘米左右。

(3)铺盖心土。选择土层深厚的酸性红、黄壤生荒地或疏林地,铲除表土,取表土层以下腐殖质含量很少的心土,用孔径1厘米左右的筛子过筛,去除草根、树根和石砾后,铺盖在畦面上,厚度约5厘米,注意铺匀,每667平方米约20立方米心土。铺好后用滚压器适当滚压,或用木板略加敲打,使之成"上实下松"状,经滚压和敲打后,心土厚度达3厘米左右即可。这样插穗插入土中部分,刚好在心土中,可以防止插穗剪口因被污染而腐烂,促进早日发根。

(4)搭设遮阳棚架。为了避免阳光强烈照射,降低畦面风速,减少水分蒸发,扦插育苗必须遮阳。遮阳棚形式较多,按高度可分为高棚(100厘米以上)、中棚(70～80厘米)和矮棚(30～40厘米);按结构形式可分为平棚、斜棚、拱形棚等。

19　茶树扦插应注意哪些问题？

剪穗和扦插操作是否符合技术要求，直接关系到扦插成活率和苗木质量，必须严格按照要求操作。

（1）穗条标准和剪取方法。母树经摘顶后 10 天左右，即可剪取穗条。适宜用作穗条的枝梢标准为长度在 25 厘米以上，茎粗 3 ～ 5 毫米，2/3 以上木质化；呈棕色或黄绿色，柔软的嫩枝或已变成灰白色的老枝均不宜作穗条。穗条剪取时间以 10 时前或 15 时后为好。剪下的穗条须尽快存放于阴凉处，并尽量做到当天剪的穗条当天插完。剪取穗条时，要在母树上留下 1 片叶，以帮助母树恢复树势。

（2）插穗标准与剪取方法。穗条剪下后必须及时剪成穗条进行扦插。插穗标准为长度 3 厘米左右，带有 1 个健壮饱满的腋芽和 1 片成熟叶片（称为母叶）；没有腋芽或腋芽有病虫害、人为损伤者不能使用。剪穗时，一般可按穗条自然节距，1 节剪 1 个穗。但节距长于 4 厘米时，要适当修短；节距小于 2.5 厘米时，要用 2 节剪成 1 个穗，并去除下面那片叶。大叶品种母叶过大，叶片超过 12 厘米时，可剪去 1/3 ～ 1/2。插穗的上下剪口要求光滑，并与母叶平行。上剪口留桩以 2 ～ 3 毫米为宜，过短易损伤腋芽，过长会延迟发芽。

（3）扦插密度的控制。确定扦插密度时，除了要考虑品种、叶片大小外，还要考虑苗木价格、穗条价格等影响经济效益的因素。中小叶种茶树最适扦插密度为每 667 平方米 25 万株左右。大叶种茶树扦插密度小一些，可控制在每 667 平方米 15 万株左右。

（4）扦插的技术要求。扦插前要将苗畦充分洒水，经 2 ～ 3 小时水分下渗后，土壤呈"湿而不黏"的松软状态，即可扦插。这样既可防止因土壤过干损伤插穗，又能使插穗下端与泥土密接，有利于吸收水分。扦插（图 8）时，先按行距要求划好行线，然后沿行线按株距将插

图 8　茶树扦插

穗垂直或稍斜插入土中，深度以叶柄与畦面平齐为宜。边插边用手将插穗附近的泥揿实，使插穗与土壤密合。插完一定的面积后立即浇水，并用遮阳物覆盖，如果在高温烈日下扦插，须边插边洒水边遮阳，以防灼伤。此外，要注意保持插穗叶片朝向一致，一般根据本地常年风向而定，这样可避免插穗被风吹动。

促进插穗发根的技术措施有哪些?

虽然大多数茶树品种扦插比较容易发根,但也有一些品种扦插发根困难,成活率低。即使发根容易的茶树品种,也需要 50～60 天才能齐根,发根之前每天要浇 2 次水,管理费力。为解决这些问题,可采取以下措施促进生根。

(1)植物生长调节剂处理。应用植物生长调节剂处理,可促进插穗提早发根,提高扦插成活率。但在处理时要注意浓度,适宜浓度可以促进发根,浓度过高反而有抑制作用,甚至导致插穗或植株死亡。植物生长调节剂处理分为处理母树和处理插穗两种。处理母树须在剪穗前 10 天,用植物生长调节剂溶液喷施于树冠,每平方米喷施量为 500 毫升;处理插穗是将插穗基部 1～2 厘米浸在植物生长调节剂溶液中,浸渍时间与浓度有关,低浓度浸渍时间长些,浓度稍高,时间可短些。

(2)应用生根粉。ABT 生根粉是中国林业科学院研制的一种高效广谱生根剂。据广西桂林茶叶研究所在茶树扦插上的应用结果,应用 ABT 生根粉,发根可提早 14 天,根数增加 18 条,成活率提高 41.8%,出圃率提高 29.6%,效果十分显著。生根粉溶液的配制先将 1 克生根粉用 95% 农用酒精 500 毫升溶解,然后再加水稀释到所需浓度。在配制和使用过程中,均不能使用金属容器。生根粉的使用方法是浸渍插穗基部,分慢浸和速浸 2 种。慢浸浓度为 1×10^{-4},浸泡 2～4 小时;速浸浓度 $(3～5) \times 10^{-4}$,浸 5 分钟,浸后放置 4～8 小时再扦插。

(3)母树黄化处理。国内外试验结果,均认为对母树黄化处理,可以提早发根,促进根群发育,提高成活率。在母树新梢长到 1 芽 2、3 叶时,在母树茶行上搭隧道形拱架,架高比茶丛高 30 厘米,上面用黑色塑料薄膜覆盖,除茶丛下部 20 厘米空着,以利通气外,其余全部遮盖,经 2～3 周后,揭除覆盖物。

扦插苗圃的管理要求有哪些?

苗圃扦插后加强管理,是提高成苗率、出苗率和培养壮苗的关键因素之一,做好扦插苗圃的管理,要注意以下几个方面:

(1)水分管理。扦插育苗时以保持土壤持水量 70%～80% 为宜,发根前高些,保持在 80%～90%。在扦插发根前,晴天早晚各浇水 1 次,阴天每天 1 次,雨天不浇,注意及时排水。2 个月后,视天气和苗畦土壤状况灵活掌握,保持土壤湿润,土色不泛白为度。

(2)光照管理。阳光是插穗发根和幼苗生长的必需条件,但光照过强和过弱都会影响茶苗生长,所以必须控制好遮阳度,一般以 60%～70% 为好。

(3)培肥管理。根据扦插期、苗圃土壤肥力、品种以及幼苗生长状况,做好培肥管理。如生长势较强的品种和土壤肥沃的苗圃,应少施追肥;反之,则应多施肥。扦插苗幼嫩柔弱,不耐浓肥,在施追肥时,注意先淡后浓,少量多次。根据苗木生育状况,看苗施肥。

(4)中耕除草与病虫害防治。扦插苗床,因水分、温度适宜,杂草容易发生,苗圃杂草要及时用手拔除,做到"拔早、拔小、拔了",这样才不至于因杂草根太长而在拔草时损伤茶苗幼根。扦插苗圃环境阴湿,容易发生病害,随着茶苗长大,虫害渐增加,根据各地病虫害发生情况及时防治。

(5)防寒保苗。当年冬天前未出圃的茶苗,在较冷茶区及高山茶圃要注意防冻保苗。冬前摘心,抑制新梢继续生长,促进成熟,增强茶苗本身的抗寒能力。其他防寒措施,可因地制宜,以盖草、覆盖塑料薄膜,留遮阳棚,寒风来临方向设置风障等遮挡方法保温,或以霜前灌水、熏烟、行间铺草等增加地温与气温。

(6)摘除花蕾。插穗上花蕾的着生会大量消耗体内养分,也会抑制腋芽的萌发生长。如有花蕾,应立即摘除,抑制生殖生长,以集中养分,促进茶苗的营养生长。

22 茶苗出圃与装运要注意哪些事项?

(1)符合标准。不论采用哪种方法繁育的茶苗,都要符合 GB 11767—2003《茶树种苗》标准。该标准为国家强制执行标准。

(2)进行苗木检疫。为了确保良种苗木的纯正度,防止病虫害传播,对所引苗木应进行严格的检疫。凡向外地调运的茶苗,均应附有该苗木的检疫、检验证书。

(3)包装与运输要求。短途调运茶苗,专车运输时可不包装,将茶苗 500 株左右一捆捆扎好,挂上标签后直接装车,再加盖草帘和篷盖即可。注意不能堆积太高,以防底层茶苗受压和发热。长途运输时,须将茶苗 100 株左右捆扎好,根部蘸上黄泥浆,再将若干小捆合在一起用草包包卷好,注意露出顶部通气散热,挂上标签后装车,并加盖草帘和篷盖。运输途中要经常检查篷盖,并淋水保湿。托运时,要用木箱或竹(柳)筐包装,并在根际填塞湿苔藓、水草等保湿。

23 如何应用茶籽育苗?

(1)苗圃的选择与整理。选地势平坦或坡度小的缓坡地,土壤微酸性,土质疏松肥沃,排灌条件较好的地块作为实生苗圃。同时要求交通方便,靠近准备植茶的区域。不要选用前作是烟、麻、蔬菜地作苗圃,最好选生荒地或绿肥地。苗圃选定后,先进行全面深翻,深度 30 ~ 35 厘米,并施入底肥(每 667 平方米施腐熟厩肥或堆肥 1 000 ~ 1 500 千克,过磷酸钙 25 ~ 30 千克)。深耕后,将土块砸碎耙平,再做苗床,苗床宽 1 米左右,长 10 米左右,高 10 ~ 20 厘米,畦沟宽 40 厘米左右。

(2)播种。冬播在 11—12 月,春播在 2—3 月,但以冬播为好。播种前浸种催芽,先将茶籽用 25 ~ 30℃的温水浸 4 ~ 5 天(每天换水两次,将浮在水面的茶籽捞出淘汰），然后摊在7～10厘米厚的沙上，上面盖一层5～6厘米厚的细沙，沙上再铺稻草。室温保持25℃左右，每天洒水一次，催芽室空气要适当流通。当50％的茶籽露出胚根时，即可播种。播种方法，可穴播或单粒条播。单粒条播行距20厘米，粒距3～4厘米；穴播行距20厘米，穴距15厘米，每穴播茶籽4～5粒。播种后随即覆土，覆土厚2～4厘米。

（3）苗圃的管理。及时除草，出苗期要以手拔为主，并以小手锄在行间辅助松土除草。第一次追肥，可在6月中旬浇施清水粪，并随茶苗生长，逐渐增加施肥浓度。抗旱保苗的方法很多，如结合追肥浇施清水粪，在播种行上插松枝、蕨草遮阴等。同时，注意防治蝼蛄、茶蚜等病虫害。

二、茶园建设与管理

24 什么是无公害茶？

　　无公害茶是指在无公害生产环境条件下，按特定的生产操作规程进行生产，成品茶中没有公害污染物（包括农药残留、重金属和有害微生物等），或公害污染物被控制在最大允许残留限量标准（MRL）以下的茶，它包括了低残留茶、绿色食品茶和有机茶。低残留茶是生产过程中可以限量使用除国家限制使用外的化学合成物质，茶叶产品卫生指标达到国内和进口国有关标准要求，对消费者身体健康没有危害的茶叶。绿色食品茶有 A 级和 AA 级之分，A 级绿色食品茶生产过程中允许限量使用限定的化学合成物质，AA 级绿色食品茶和有机茶禁止生产过程中使用任何化学合成物质。

25 无公害茶园基地如何选择？

　　无公害茶叶产地（图 9）应选择在生态条件良好，远离污染源，并具有可持续生产能力的农业生产区域。

图 9　无公害茶园成园

(1)土壤条件。茶园地的建设及选择,包括土壤肥力、周边环境以及地形条件都要全面考虑。根据茶树生长习性,茶园的土壤必须具备自然肥力水平高、土层深厚(有效土层达60厘米以上)、土体疏松、沙壤质地通气性良好,土体中没有隔层、不积水,有机质含量在1.5%以上,营养丰富而平衡,呈弱酸性黄壤等,pH值为4.5～6.5。

(2)地形条件。茶园必须选择在适宜的地形条件下,一般30°以上的陡坡不宜开垦茶园,最好选择在5°～25°的坡地及丘陵地区的岗地上。

(3)空气质量。无公害茶园上空和周边的空气要清洁、无污染,没有异味,茶园选择在远离城市、远离工厂、远离居民点、远离公路主干道的山区或半山区。

表1　无公害、绿色食品与有机茶园环境空气质量标准

项目	无公害茶园		绿色食品茶园		有机茶园	
	日平均*	1小时平均**	日平均	1小时平均	日平均	1小时平均
总悬浮颗粒物(TSP)(毫克/米³)(标准状态)	0.30	—	0.30	—	0.12	—
二氧化硫(SO_2)(毫克/米³)(标准状态)	0.15	0.50	0.15	0.50	0.05	0.50
二氧化氮(NO_2)(毫克/米³)(标准状态)	0.10	0.15	0.08	0.20	0.08	0.15
氟(F)化物(微克/米³)(标准状态)	7	20	7	20	7	20

注:*日平均指任何1天的平均浓度;**1小时平均指任何1小时的平均浓度。

(4)灌溉用水质量。无公害茶园对灌溉用水有严格的要求,水质要清洁卫生,没有污染,无论是来自溪、塘、库或泉的水中有害重金属含量必须达到规定要求(表2)。

表2　无公害、绿色食品与有机茶园灌溉水中各项污染物浓度限值

项目	无公害茶园	绿色食品茶园	有机茶园
pH值	5.5～7.5	5.5～8.5	5.5～7.5
总汞(毫克/千克)	≤0.001	≤0.001	≤0.001
总镉(毫克/千克)	≤0.005	≤0.005	≤0.005
总砷(毫克/千克)	≤0.1	≤0.1	≤0.05
总铅(毫克/千克)	≤0.1	≤0.1	≤0.1
铬(毫克/千克)	≤0.1	—	≤0.1
氰化物(毫克/千克)	≤0.5	—	≤0.5
氯化物(毫克/千克)	≤250		≤250
氟化物(毫克/千克)	≤2.0	≤2.0	≤2.0
石油类(毫克/千克)	≤10	≤10	≤5

除了土壤条件、周边和地形环境条件外,还需要考虑交通方便的因素,需要全面分析、综合选择。

26 无公害茶园基地如何规划?

茶园规划应在重视生态平衡,保护自然资源的基础上,从本地茶叶生产的实际情况出发,集中建设好茶叶生产基地,使其适当集中连片,便于管理,降低成本,增加效益,更有利于集中设厂加工,提高茶叶质量。还应坚持高标准、高质量,并逐步实现茶树良种化、茶区园林化、茶园水利化、种植科学化。

(1)茶区园林化。按照所选地块的地形、地势、土壤、水源及林地的分布情况,对茶、林、沟渠、道路等统筹规划、合理布局,做到有利于水土保持,成园后生态环境良好。

要求:茶行长度以不超过50米为宜;主干道贯通整个茶园,可连接加工厂主干道和支道宽度不低于3米,操作道宽度不低于1.5米;就风向及地势在茶园周围、主道路及沟渠两旁或山坡顶上种植防护林;远离污染源,离公路干线200米以上,边界设立缓冲带或物理屏障区。

(2)茶园水利化。广辟水源,建好茶园排灌设施,不受污染并做到旱季能灌,涝季能排。

要求:茶园与森林或荒地交界处、茶园的边缘,设置深0.5米、宽0.6米,沟壁为60°倾斜的隔离沟;排灌水沟一般宽0.2～0.3米、深0.2米;平地茶园在步道两侧开沟,坡地茶园在直步道两侧和横步道内侧开沟。

(3)种植科学化。茶园宜选择山地和丘陵的平地和缓坡地(坡度＜25°),坡向坐北向南较为理想,做到"山顶造林,山腰种茶、山下种粮"的综合开发。15°～25°的坡地,可依地形建立宽幅或窄幅梯田(避开雨季,缩短工期,以防水土流失)。

27 梯级茶园建设应遵循哪些原则?

(1)梯面宽度要便于日常机械作业。

(2)茶园建成后,要能最大限度控制水土流失,下雨能保水,需水能灌溉。

(3)梯级茶园(图10)长度在60～80米,同梯等宽,大弯随势,小弯取直。

(4)梯田外高内低(倾斜度

图10 梯级茶园

呈 2°～3°），为便于自流灌溉两头可呈 0.2～0.4 米高差，外埂内沟，梯梯接路，沟沟相通。

（5）施工开梯田，要尽量保存表土，回沟植茶，保持土壤肥力。

 梯级茶园如何修筑？

坡度在 15°～25° 的陡坡地必须修建等高梯级茶园。

（1）按等高线由下而上逐层修筑，梯壁高不超过 1 米，梯面宽度在 3 米以上，梯面外高内低向内倾斜，可种植 2 行茶树，同时便于田间管理和机械操作。

（2）梯壁以石坎为主，就地取材，也可修筑泥坎。修建时，先从基脚旁挖坑取土，至梯壁筑到一定高度后，再从本梯内侧取土，直至筑成，边筑边踩边夯，筑成后，要在泥土湿润适度时及时夯实梯壁。梯壁修好后，进行梯面平整，形成外高内低的倒坡形，倾斜度在 70° 左右为宜，避免倒塌。

（3）因田块不规则，修筑梯田时，按照大弯随弯、小弯取直、等高平行的原则进行，既要做到梯田美观牢固，又要保持水土，还要便于机耕、机采、机剪和机防。

（4）因生土种植茶苗成活率低、生长慢，故为了提早种植，提前受益，修筑梯田时注意要保存熟土，用于定植茶苗。

 茶园整地过程中应注意哪些问题？

茶园整地时应注意生荒地分初垦和复垦两次进行深翻，初垦深度 0.5～0.7 米，以夏、冬最好，利用暴晒或严寒促进土壤风化；复垦在茶树种植前进行，深度 0.3～0.5 米，敲碎土块，再次清除草根。熟地一般只进行复垦，经深翻平整即可栽种。

梯田茶园还需要注意每梯内侧开 10 厘米深的竹节沟，沟与排水渠相通；梯坎的植被特别是草皮要尽可能保留。水稻田要采用机械设备"破底倒坎"；建立好排水沟渠，主沟深度要超过"犁底层"。

 茶树良种引进应遵循哪些原则？

（1）依法引种。严格执行《中华人民共和国种子法》，依法引种，避免承担不必要的法律责任、损失和纠纷。不引种未经审定的品种，不超越审定区域引种；尽量到具有种苗繁育资格的正规育苗单位引种，引入质量合格的种苗；在充分尊重茶农意愿的基础上，正确引导、帮助茶农确定发展的新品种；对新品种的引进一定要走"引进、试验、示范、推广"的程序，不能一步到位、大量引种推广栽培。

（2）环境相似。茶树生长的环境主要是指土壤和气候条件。土壤要求是酸性土（pH 值 4.5～5.5 最适宜）。气候条件，特别是温度要相似。一般只要育成地和引种地的纬度相近、气候相似，引种都能成功；高纬度地区的品种向低纬度地区引种,或高海拔地区的品种向低海拔地区引种,茶树一般也能适应。对于向海拔高、冬季气温低的地方引种,则要重点考虑引进品种的抗寒性。

(3)适制性好。引进品种最好与当地现有茶园主栽品种类型相一致,以免增加不必要的加工难度。在大量引种之前,一定要进行适制性的研究试验。引进品种的内质要适应当地茶叶的加工类型,并能生产出更优质的商品茶。如以绿茶生产为主的茶区最好引种氨基酸含量在 4% 以上、酚氨比在 6 以下的品种;以红茶生产为主的地方要求茶多酚的含量高,酚氨比要在 6 以上;而生产乌龙茶的地方则要求内含物丰富、叶片厚实等。

(4)合理搭配。注意特早生、早生、中生和迟生茶树品种的相互搭配,避免采茶和制茶"洪峰"过于集中;避免选择在当地易感某种病虫的品种作为主栽品种大面积单一栽培;选择的茶树品种要适宜机械化采摘要求,机采除要求采摘面平整、高度适宜外,还要求发芽整齐、叶片向上斜生、节间长等性状。

31 茶苗定植应注意哪些问题?

(1)定植时间。10 中旬至 11 月底的秋栽最为适宜,海拔 300 米以上的山区栽苗时间可适当提前;2 月中旬至 3 月上旬的春季也可栽苗,但成活率和当年生长量都不如秋栽的好。

(2)栽植密度。通常单条植的种植规格为行距 1.5 米,丛距 30 厘米左右,每丛茶苗 2～3 株;双条植的种植规格为大行距 1.5 米,小行距 40 厘米,丛距 30 厘米,每丛茶苗 2 株。

(3)定植方法。平田拉直线栽植,坡田沿等高线栽植,山地顺弯等高栽苗。开好定植沟,一手拿苗,注意须将茶苗分开 2～3 厘米,一手理顺根系扒土压紧,待覆土至 2/3～3/4 沟深时,即浇安蔸水,水要浇到根部土壤完全湿润,待水渗下再覆土,填满踩紧,并高出原泥门 3～5 厘米。栽后留地上部苗高 15～20 厘米,剪除多余枝梢和嫩芽叶。

(4)栽后覆膜。雨后初晴足墒或浇足水后,应及时盖膜。选用厚 0.004 毫米、宽80 厘米的地膜为好,每 667 平方米用膜 3.3 千克左右。盖膜时,把茶苗顶部膜划开露出茶苗,然后将根部地膜用细土压实密封,以保持膜下有大量的水珠生成。

32 提高茶苗移栽成活率的方法有哪些?

(1)保湿运输。供栽茶苗起土后要分等级扎成捆,长途运输时根部要浸过黄泥浆水。运输时堆压不要过高过实,最好在晚间或阴雨天运送,并要求边运边栽,保持茶苗新鲜度。在雨后初晴或阴雨天栽植,成活率最高。

(2)掘深种浅。种植沟一般深 30 厘米以上、宽 20 厘米,这样既有利于保持水土,又有利于茶根深扎。栽种时,茶苗"泥门"尽量与地面平齐,过深不利于生长。

(3)下实上松。移栽时,茶苗根部要视土壤理化性状及干湿度酌情踏实,上部盖上松土,浇水后覆盖上茅草、树叶、稻草等。栽种时可施用磷钾肥,但肥料不要直接接触根部,最好与焦泥灰堆制后再使用。

(4)表土回沟。生地茶苗不易成活,故在开种植沟时要将表土翻入沟底,挖出的生土盖在上面。

(5)种足备苗。每穴挑选 2 ~ 3 株健壮茶苗进行栽植,择出生长弱小的茶苗在行间或周围田块种植,以备来年补植。

(6)栽后管理。栽后应立即进行定型修剪,以减少叶面蒸发,将离地 15 厘米以上的枝条剪去。同时,做好防旱、防冻和病虫害防治工作。

 幼龄茶树田间管理要注意哪些问题?

幼龄茶树(图 11)田间管理的目的是为了确保新植茶苗一次成园,形成丰产的树型骨架,及早投产受益。其管理技术要点如下:

(1)抗灾保苗。无性系茶苗移栽覆膜的要勤检查,发现膜有破损及时用细土压实;遇干旱下雨时,可用竹签在膜上打孔使雨水下渗;当膜自然风化后,结合松土除草,将膜捡出园外集中处理。干旱季节,及时给茶园浇水,以早晚为宜,避免中午高温浇水伤根,一次尽量浇足;在窄行和茶苗根部覆盖杂草或作物秸秆抗旱保苗。突发高温热害时,可采用遮阴、喷水降温等方法抗灾。发生冻害时,采用培土、灌水、覆膜等措施增温保苗。

(2)合理间作。双条栽植的,宽行可适当间作,但要距离茶苗根部 25 厘米以上。第一年,可单行密植玉米,既可遮阴,又不影响茶苗生长;第二年,可种花生、黄豆、绿豆等;两足龄或完成两次定型修剪后的幼龄茶园要退出间作。

(3)适时施肥。当移栽茶苗抽发第一轮新梢并停止生长时(一般在 5 月),及时追施第一次肥,以后每发一轮新梢最好追肥一次,用量逐次适当增加。若新茶园土壤 pH 值偏高,可选择酸性肥料如硫酸铵等作追肥,忌施含氯元素的肥料。秋季要增施一次生物有机肥,以结合除草松土开浅沟施为好。

(4)勤除杂草。幼龄茶园生长一定量的小草可降低夏季高温时期的土壤表面温度,避免茶苗被阳光灼伤,但茶园杂草过多、过大会与茶苗争光、争水、争肥,故幼龄茶园除草的原则是不能造成草荒苗。以人工扯除小草和浅锄为好,也可人工割除杂草后做行间覆盖。

(5)及时补缺。一般建园时应选留弱小茶苗密植在田角以备补苗之需。有断行缺丛的,及时用同品种备用壮苗移栽补缺。若缺苗严重,可先将成活苗移植集中,待查明原因后,采取相应措施补栽壮苗。

（6）定型修剪。幼龄茶树必须经过 3 次定型修剪才能投产采摘。①当平均苗高达到 30 厘米以上时进行第一次定型修剪，修剪高度为 20 厘米，只剪主枝，不剪侧枝，剪口要光滑，以利伤口愈合；若茶苗移栽时进行过修剪，且分枝较多，修剪高度可提高到 25 厘米。②当苗高达到 45 厘米以上时进行第二次定型修剪，在上次剪口基础上提高 10 ～ 15 厘米剪平，剪后茶苗高度在 35 厘米左右，工具可用手动平剪或修剪机，两次定型修剪后的茶园可打顶试采春季高档茶原料。③当茶篷高度达到 50 厘米以上时进行第三次定型修剪，留 40 ～ 45 厘米剪平。时间以秋季 10 月或春季 3 月初为宜，避免高温、干旱时期和寒冷季节修剪。定型修剪不能"以采代剪"，只有完成 3 次定型修剪，骨干枝分布均衡且健壮，茶行篷高达到 40 ～ 45 厘米，树幅达到 50 ～ 60 厘米的茶园才能正式投产。

图 11　幼龄茶园

34　成龄茶树田间管理要注意哪些问题？

成龄茶树田间管理主要包括土壤管理、修剪和采摘。

（1）土壤管理。目的主要是控制杂草、改良土壤，为茶树生长发育创造有利的地下环境。分为春夏季的浅耕和秋冬季的中深耕。①春耕，2 月下旬至 3 月初进行，深度 7 ～ 10 厘米。②夏耕，结合追夏肥进行（4 月底或 5 月初），深度 10 ～ 15 厘米。③伏耕，7 月底进行，深度 10 ～ 15 厘米。④秋耕，结合施基肥进行（10 月上旬至 11 月上中旬），深度 15 ～ 20 厘米。

（2）合理修剪。修剪可分为轻修剪、深修剪以及衰老茶园的重修剪和台刈。①轻修剪，主要是为了平整树冠面，使发芽部位相对一致，调节芽数和芽重，控制树高，刺激下轮茶萌发。深度以 3～5 厘米为宜，时间为每年 10—11 月，也可隔年修剪 1 次。常年有冻害的地方，为早发春茶，轻修剪最好延迟到春茶结束时进行。②深修剪，一般是剪去树冠面绿叶层 10～15 厘米。以手采为主的茶园最好每隔 3 年深修剪 1 次。机采茶园每 8～10 年深修剪 1 次。③半衰老和未老先衰的茶树，一般离地 30～45 厘米进行重修剪；衰老茶树，一般离地 5 厘米进行台刈。重修剪和台刈的时间以早春为宜，也可于春茶结束后进行。工具为锋利的柴刀和台刈机。

（3）合理采摘。即根据茶树品种、气候条件、树龄、生长势等因素，结合市场需求合理采摘茶叶，做到"以采为主、采留结合、及时开采"，既收获茶叶，又保证茶树正常生长，达到持续高产、优质的目的。春茶，一般制作名优茶，主要采摘 1 芽 1 叶初展、1 芽 1 叶或单芽，如有 5% 芽叶达到开采标准，即可采摘。大宗红茶、绿茶采摘，一般采 1 芽 2、3 叶及嫩的对夹叶。留叶方法一般采用"全年任意时间留 1 叶"或"春、夏茶留鱼叶，秋茶留 1 叶"的方法，及时、分批、按标准采留。

35 衰老茶树田间管理要注意哪些问题？

（1）合理施肥。在秋季重施基肥的基础上，分别在春、夏、秋各茶季前追施速效氮肥或三要素复合肥，整个茶树生长季节还可喷施叶面肥。追肥用量为尿素每次每 667 平方米 15～30 千克，复合肥每 667 平方米 10～20 千克，施肥后及时浇水。

（2）科学修剪。根据茶树的衰弱程度决定修剪的深度，轻剪可将树冠剪去 5 厘米左右，重剪可剪去树冠高度的 1/3～1/2。修剪后应及时喷洒保护性杀菌剂全面消毒。

（3）及时防治病虫害。

36 低产老茶园如何改造？

针对低产低质茶园形成原因，着眼于茶树本身和土壤条件两个方面，以培养树势为中心，以改土补缺为重点，做到肥、剪、采、保相结合，综合运用各项改造技术，达到高产优质的目的。

（1）树冠更新（图 12）。对半衰老或未老先衰的茶树，应进行重修剪，因树制宜剪去树冠高度的 1/3～1/2。剪口离地高度在 35 厘米左右，同时清除丛内枯、病、弱枝以及匍匐枝等。对严重衰老的茶树，可采取台刈的方法，即从根茎以上离地面 5～10 厘米处砍去全部枝干，刺激潜伏芽抽发新枝。台刈时要用锋利刀具，使切口光滑成为马蹄形。对部分老茶树可采取抽刈方法，砍去枯老、病虫枝，保留健壮徒长枝。抽刈后，进行深、轻修剪，以整齐树冠、扩大采摘面。为兼顾当年收益，重修剪和台刈都可在春茶结束后立即进行。因这时气温高、湿度大,更新后生长期较长,有利于恢复树势。

（2）根系更新。在改造茶树树冠的同时,应结合根系更新。根系更新结合土壤深翻改良进行,即在改造树冠的当年（或前一年）秋末冬初,茶树处于休眠期时,全园深翻 33 厘米以上,切断部分侧根,促使形成完整的新根群。深耕时结合施用有机肥和磷肥效果更好。

图 12　低产老茶园树冠更新

 37 茶园如何看园耕作?

茶园土壤的耕作分为浅耕、中耕及深耕。一般田间持水量的 35%～55% 为土壤适耕期。实际生产中,确定适宜耕作时期的简单方法是取表层 5 厘米左右深的土壤,用手握能成团,在 1 米左右高的位置使其落地,土团多半散碎,则为宜耕期（表3）。

表3　茶园耕作技术一览表

	耕作类型	耕作时间	耕作参数	适用机具
生产季节	春茶前中耕	2月下旬至3月中旬	耕深10～15厘米,宽35厘米左右	中耕机
	春茶后浅耕	5月中旬至下旬,春茶结束后	耕深5～10厘米,宽45厘米左右	微耕机
	夏茶后浅耕	7月上旬至下旬,夏茶结束后	耕深5～7厘米(过深反而会促使下层土壤水分蒸发),宽45厘米左右	微耕机
非生产季节	秋季深耕	10月上旬至11月上旬	耕深15～25厘米,宽45厘米左右	深耕机或中耕机

深耕的参数一般依园而作。幼龄茶园深耕只结合深施基肥进行，距离茶树20～30厘米，随着树龄增大，基肥沟距离茶树的距离增大。成龄茶园，针对条栽茶园，行间根系分布多，深耕应浅些，通常控制在15～25厘米的深度；对丛生或肥培管理较差的茶园，行间根系分布少，可以深些，控制在25～30厘米的深度，同时要掌握丛边浅、行间深的原则。

对于杂草较少的茶园，一般结合茶园施肥每年进行2～3次浅耕；杂草较多的茶园进行3～5次深耕；肥培管理好的茶园，行间耕作层土壤肥沃，有机质含量高，土壤结构良好疏松，可不必深耕。

 怎样做好茶园土壤酸化改良？

引起茶园土壤酸化的原因是多方面的，包括茶树自身物质循环（即茶树凋落物和修剪叶还园），茶树根系代谢而产生的土壤酸化，以及环境恶化带来的酸沉降和栽培过程中人为施肥活动等造成的茶园土壤酸化。

茶园土壤pH值偏酸，在5.0以下，不利于茶叶的生长。生产上可采取的主要措施有：一是定期监测，及时了解土壤酸度变化；二是增施有机肥，提高土壤缓冲能力；三是调整施肥结构，防止营养元素平衡失调；四是增施白云石粉，调节土壤pH值，对于pH值在4.5以下的田块，施白云石粉加以改良（每667平方米施80～100目的白云石粉150～200千克，pH值在3.9以下时，每667平方米施250～300千克）。白云石粉的主要成分是碳酸钙和碳酸镁，1年施1次或隔年施1次，待田块pH值上升到5.5后停止施用，再增施有机肥以缓解土壤酸化。

实际生产中也有些茶园选在玄武岩、石灰岩钙质页岩等岩石发育的土壤中，因游离碳酸钙或酸碱度偏高，对茶树生长不利。针对酸度不足，生产上主要施用一些土壤酸化剂，如明矾（硫酸铝钾）、硫黄与有机肥混施进行调节，pH值降到6.0以下时停止施用。另外也可施用生理酸性肥和酸性肥料，如硫酸铵、硫酸钾等。

怎样做好茶园科学施肥？

茶园施肥，要结合茶树需肥特性，适时、适量地配合施用各种肥料，既能促进茶树生长，实现茶叶优质高产，又能恢复和提高土壤肥力，做到用地与养地相结合。施肥遵循"有机肥为主，与无机肥配合使用""重施基肥，与追肥相结合"的原则。

（1）茶园施基肥时间、施肥部位及方法。基肥要施足，且以有机肥为主，配合以磷肥、钾肥为主的复合肥，一般在茶树地上部分停止生长时进行，宜早不宜迟，在10月中下旬施下。基肥施用量要依树龄和茶园生产力而定，一般成龄茶园每667平方米施生物有机肥125～150千克。1～2年生的茶树在距根颈10～15厘米处开宽约15厘米、深15～20厘米平行于茶行的施肥沟施入；3～4年生的茶树在距根颈 35 ～ 40 厘米处开深 20 ～ 25 厘米的沟施入生物有机肥;成龄茶园则沿树冠垂直向下位置开沟深施,沟深 20 ～ 30 厘米;已封行茶园,在两行茶树之间开沟,如隔行开沟的,应每年更换施肥位置,坡地或窄幅梯级茶园,基肥要施在茶行或茶丛的上坡位置和梯级内侧方位,减少肥料的流失。

(2)追肥要施速效肥。目前以较高浓度的茶叶专用化肥为主,肥料按不同时期分批施入。第一次追肥在春茶前,春梢处于鳞片至鱼叶初展时施入,开采前 40 ～ 50 天施下最好,用量为全年总量的 40% ～ 50%。第二次追肥于春茶结束后或春梢生长基本停止时进行,一般在 5 月下旬前追施。第三次在夏茶采摘后或夏梢生长基本停止时进行。气温高或高产茶园,需要进行第四次或更多的追肥,应根据实际情况确定追肥时间及数量。

(3)生产茶园施肥量可根据茶叶生产量而定。一般每增施 1 千克的氮素,鲜叶可增产 12 ～ 40 千克。茶树生育阶段、生产茶类不同,所需肥料比例也不相同。幼龄茶树以培养健壮的枝条骨架、分布深广的根系为目的,必须增加磷、钾元素的比例;氮、磷、钾比例以(1 ～ 2)∶1∶1 为宜,以后逐年加大施氮量。处于长势旺盛的壮年时期,为促进营养生长,提高鲜叶产量,适当增加氮素是必要的;氮、磷、钾比例以(3 ～ 4)∶2∶1 为宜,一般每 667 平方米年施用纯氮(N)25 ～ 35 千克、磷(P_2O_5)6 ～ 9 千克、钾(K_2O)6 ～ 10 千克。衰老期茶树为重新培养树冠与促进新根生长,最好以易促进发根的有机肥为主,并配施氮、磷、钾复合肥。不同茶类,其品质特征差异较大,如红茶的品质特征是"红汤红叶",滋味浓强,要求含有较高的多酚类含量;绿茶的品质特征是"清汤绿叶",滋味鲜爽,要求含有较高的含 N 化合物,如氨基酸、蛋白质。因此,绿茶产区推荐氮、磷、钾比例 4∶(1 ～ 2)∶(1 ～ 2)为宜;红茶产区则推荐氮、磷、钾比例 3∶(1 ～ 2)∶(1 ～ 2)为宜。

40 茶园遮阴技术要点有哪些?

茶树起源于云雾弥漫的原始森林,形成了喜光耐阴、忌强光直射的特性。茶园适度遮阴,不仅可以提高茶叶质量和品质,还可帮助茶树安全越冬越夏。遮阴作为一项重要的农艺措施,常用的有生态遮阴和覆盖遮阴两种方式。

(1)生态遮阴。一般是指茶园内种植遮阴树或与经济树种,高大适生树间作的种植形式,包括套种遮阴树、间作绿肥等。目前,茶园遮阴树种有林木和果树两大类,如合欢、泡桐、马尾松等林木,李、批把、柿、板栗等果树。有的地方还可种植桂花、木姜子等经济树种。茶园中种植的树种应是树体高大,分枝部位较高,枝叶分布适中,秋冬季落叶,根系分布在土层 50 厘米以下,根系分泌物呈酸性,与茶树无共同病虫害,具有一定经济价值或观赏性。茶园间种绿肥简单易行,效果良多,但茶树成龄投产后却难以进行,多在幼龄茶园、台刈改造后 1 ～ 2 年的茶园和密度不大的老茶园中进行。绿肥以豆科植物为主,分为夏绿肥和冬绿肥;也可尝试间作趋避植物,如紫苏、迷迭香、罗勒、薰衣草、生姜等。

(2)覆盖遮阴。茶园覆盖遮阴包括塑料大棚覆盖和遮阳网覆盖等,所用材料极其广泛,有稻草、小麦秸秆、草帘、各种棚膜、遮阳网等。当前使用较多的为遮阳网,其主要在夏暑秋季防晒及提高茶叶品质、冬季茶树防冻上应用,具有强度高、通透性好、重量轻、便于安装和操作等特点。它可根据需要控制网眼大小、疏密程度及色泽变化,制造出不同遮光率的遮阳网系列产品。遮光率一般为 40%～95%。常用颜色为黑色、银灰色、绿色。

41 茶园科学间作应遵循哪些原则?

茶园种植遮阴树的密度应随树种而异,一般以行距 10～12 米、株距 5～6 米、每 667 平方米 10 株左右为宜。随遮阴树长大,通过疏枝来调节遮阴幅度,控制在 30%左右,并随茶园海拔高度升高,遮阴幅度应适当减小。(图 13)

图 13　茶园间作桂花树

茶园间作绿肥应遵循以下原则:

(1)适时播种。春播夏绿肥 4 月上旬进行播种较好。如豇豆、大叶猪屎豆、柽麻、饭豆、小绿豆、田菁、黄花苜蓿。秋播冬绿肥以 9 月下旬至 10 月上旬播种较为恰当。如紫云英、金花菜、苕子、箭舌豌豆、蚕豆、豌豆、肥田萝卜等。(图 14)

(2)合理密植。幼龄茶园应种植具有遮阴效果的高秆披展型绿肥,绿肥与茶树间的距离适当留大一些。冬绿肥与茶树间矛盾较少、可适当密植。也可绿肥混种,取长补短。一般要求 1 年生园间作 2～3 行绿肥,绿肥与茶树的距离为 40～50 厘米;2 年生茶园间作 1～2 行绿肥,绿肥与茶树距离为 55～60 厘米;3 年生茶园只在行间种植 1 行或不种绿肥。

（3）及时收割。生长期短的夏绿肥一般在上茶下荚时割埋；对于生长快的部分绿肥，须分批拔株，集中翻埋。冬季绿肥要长到盛花期时翻埋较好；不能等完全老化后才割埋。

图 14　幼龄茶园冬季套种蚕豆

 茶园高效节水灌溉技术有哪些？

（1）喷灌。是目前广泛应用的一种茶园灌溉方式。其主要优点是可有效避免土壤深层渗漏和地面径流损失，比流灌节水 30%～50%。同时也可节省劳力，提高工效。

（2）滴灌。可防止土壤板结，减少地表径流和地面蒸发，且有利于茶树根系的吸收。与喷灌相比，可节水约 2/3，但技术要求严格，投资成本高。一般平地或缓坡茶园可选择滴灌，须请专业人员设计安装。

（3）渗灌。即将灌溉水输入地下管道，通过渗管或渗头向地下送水湿润土壤，供茶树根系吸收利用，可与施液肥相结合。

（4）雾灌技术。通过雾灌系统对茶园进行灌溉，可较大程度改善茶园土壤温度、空气温度以及株间湿度。能在低海拔地区人为制造云雾环境，增加茶树光合作用时间，提升茶叶质量和产量。雾灌系统自动化程度高，但技术要求和投资成本也高。

 如何培育茶树高产优质树冠？

（1）定型修剪。无性系良种茶树需要完成 3 次定型修剪（图 15～图 17）才能进入正常采摘期。正常采摘的茶园，茶树树体必须达到以下条件：树高、树幅 50～60

厘米;每株茶树末级小枝数 15 个以上;绿叶层 30 ～ 40 厘米。

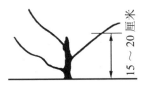

图 15　第一次顶头剪

图 16　第二次水平剪

图 17　第三次水平剪

(2)合理采摘。定植后第二年秋季可试采,生长旺盛的茶园第三年可适当打顶采,即长到 1 芽 3 ～ 5 叶时,采单芽或 1 芽 1 叶。幼龄茶园采摘原则是少采多留,采大留小,采高留矮,采密留稀,采顶留边,使树冠整齐,均衡发展。

44　茶树如何合理修剪?

(1) 幼年茶树的定型修剪。①当移栽茶苗或实生苗高达 30 厘米以上,茎粗 3 毫米以上时进行第一次修剪,在离地 15 ～ 20 厘米处留 1 ～ 2 个较强分枝,剪去顶端新梢。凡不符合第一次定型修剪标准的茶苗不剪,留待次年,高度、粗度达到标准后再剪。修剪工具宜用锋利的整枝剪逐株修剪,只剪主枝,不剪侧枝,剪口要平滑。②第二次定型修剪一般在上次修剪后一年进行,在第一次剪口上提高 15 ～ 20 厘米,剪去上部枝梢,剪后茶树高度为 30 ～ 40 厘米。修剪时注意剪去内侧芽,保留外侧芽,以促使茶树向外分枝伸展,同时剪去根茎外的下垂枝及弱小分枝。若茶苗生长旺盛,只要苗高达到修剪标准,即可提前进行;若茶苗高度不够标准,应推迟修剪。③第三次定型修剪一般在第二次定型修剪一年后进行,若茶苗生长旺盛也可提前。在第二次剪口上提高 10 ～ 15 厘米,即离地面 40 ～ 55 厘米处剪去上部枝梢,并将根茎和树蓬内的下垂枝、弱枝剪去,促进骨干枝正常生长。

(2)轻修剪。是每年整齐采摘篷面,促进腋芽形成和生长,减少花果的一种轻度修剪。每年剪口提高 3 ～ 5 厘米,轻修剪时间为停采封园时的 9 月底至 10 月中旬,一般以剪后伤口能愈合,腋芽能形成,但不萌发为最适时。修剪过早,腋芽萌发;过迟影响伤口愈合,推迟春茶萌发时间。轻修剪宜轻,以剪平为原则,剪后树冠要有适度的绿叶层越冬。夏秋茶实行机采的茶园,可在春茶结束时进行一次轻修剪,为机采打下良好的基础。修剪工具可选用手工平剪和修剪机。

(3)深修剪。茶树经过多年采摘和轻修剪,树冠上形成许多浓密细小分枝,俗称"鸡爪枝",影响产量和品质。所以每隔几年须剪去树冠上 10 ～ 15 厘米深的一层鸡爪枝,达到恢复树势,提高育芽能力的目的。深修剪时间以 2 月中下旬最为适宜,也可在春茶结束后及时进行,留养一季夏茶,秋茶即可恢复采摘。深修剪用修剪机效果较好。

（4）重修剪与台刈。半衰老和未老先衰的茶树，一般离地 30 ～ 45 厘米进行重修剪（也叫半台刈）；对于树势已十分衰老的茶树，一般离地 5 厘米台刈。重修剪和台刈的时间以早春最为适宜，也可在春茶提前结束后及时进行。工具为锋利的柴刀和台刈机。

45 如何确定合适的修剪时期?

（1）幼龄茶树的定型修剪，一般为 3 次。通常 1 年 1 次，不宜多次。时间掌握春前、夏后、秋后进行，以春芽萌发前为佳（2—3 月）。

（2）成年茶树的轻修剪，多在当年春茶采摘后，即 4 月下旬至 5 月中旬进行。在寒冷茶区，秋剪宜早，春剪宜迟；在温暖茶区，秋剪宜迟，春剪宜早。

（3）重修剪和台刈的时间以早春最为适宜，也可在春茶提前结束后及时进行。

46 如何根据茶园合理选配茶树修剪机?

茶树修剪机的选配，应从茶园立地条件、茶树生育期和茶篷形状等几个方面考虑：

（1）从立地条件来看，对于平地或缓坡地标准茶园，可采用多种类型修剪机，如手持式、担架式或走轮式修剪机；对于地形复杂的山地茶园，可用走轮式修剪机。

（2）从茶树的生育期来看，未投产前的第一、第二次定型修剪，可采用手剪的方式；进入生产期后，每年度的轻修剪或深修剪可采用多种修剪机，如单人、双人担架式、手持式修剪机；对于未老先衰和衰老茶园的改造，则应选择重修剪机或台刈机械。

（3）对于平形茶篷茶树，应选择平形修剪机；反之，则应选择弧形修剪机。

47 机采茶园要具备哪些条件?

（1）行距。机采茶园行距的确定，不仅要考虑采茶机的切割幅度，还要有利于茶树成园封行。适合现行采茶机切割幅度的茶园行距为 1.5 ～ 1.8 米。从有利于提高茶园覆盖度，获得茶叶高产的角度综合考虑，我国机采茶园的行距，无论中小叶种，还是大叶种，均以 1.5 米左右为宜。

（2）茶行长度。机采茶园茶行长度由采茶机集叶袋容量和采茶高峰期单位面积茶园一次采摘的鲜叶量两个因素来决定。一般机采茶园茶行的理想长度为 30 ～ 40 米。

（3）茶行走向。机采茶园（图 18）走向应以方便茶机卸叶和茶园管理作业，减少水土流失为依据。缓坡地茶行走向应与等高线基本平行，梯级茶园茶行走向应与梯壁走向一致，不能有封闭行。

（4）梯面宽。机采茶园当坡度大于 15°时，就要修筑梯级茶园。梯面宽计算公式为：梯面宽（米）=茶树种植行数×行距+0.6。

（5）种植方式。机采茶园必须采用条列式种植。

图 18　机采茶园

 如何培养机采茶园树冠？

根据不同树冠形状的特点，可以建立机采树冠的优化培养程式。平形树冠，树幅增宽快。对于未封行的幼龄茶园和更新茶园，可采用平形树冠，以提早成园。弧形树冠易维持规格化的形状，有利于叶层与新梢分布均匀。对于封行后的成龄茶园，可采用弧形树冠，以促进高产。因此，可以把"先平后弧"作为机采树冠的培养程式。运用这个程式培养树冠，具有封行快、产量高的优点，一般可提前 1～2 年进入高产期。

 茶叶机采后应如何加强田间管理？

机采茶园与手采茶园相比，全年采摘批次较少，但采摘强度大，对树体的机械损伤也大。因此，茶园施肥既要考虑平衡供给，又要考虑集中用肥。机采茶园施肥原则，可概括为"重施有机肥，增施氮肥，配施磷、钾肥和叶面肥"。机采茶园施肥标准，可根据上年鲜叶产量来确定。每 100 千克鲜叶年施纯氮 4 千克以上，并配施磷、钾肥和微肥。全年按 1 基 3 追肥的比例施用，氮∶磷∶钾肥配合比例为 4∶1∶1.5。

 茶树遭受寒、冻害的症状是什么？

茶树遭受寒、冻害的程度、级别不同，其表现症状也不同。

（1）一级。树冠枝梢或叶片尖端、边缘受冻后变为黄褐色或紫红色，略有损伤，受害植株占 20%以下。

（2）二级。树冠枝梢大部分遭受冻伤，成叶受冻失去光泽变为赭色，顶芽和上部腋芽转暗褐色,受害植株占 20%～50%。

(3)三级。秋梢受冻变色,出现干枯现象,部分叶片呈水渍状,枯绿无光,晴雨交加,落叶凋零,枝梢逐渐向下枯死,受害植株占 51%～75%。

(4)四级。茎干基部自下而上出现纵裂,随后裂缝加深,形成裂口,并发霉腐烂。当年新梢全部受冻,枝梢失水而干枯,受害植株占 76%～90%。

(5)五级。骨干枝及树皮冻裂受伤,树液流出,叶片全部枯萎、凋落,植株枯死,根系变黑,被害植株达 90%以上。

 如何防御茶树寒、冻害?

(1)覆盖。寒潮来临之前,用稻草、杂草、塑料薄膜、遮阳网等进行篷面和茶行地面覆盖,促进茶园地温上升,减小茶园霜冻危害。铺草以不露地面为宜,茶园篷面覆盖应在气温 0℃以上或有太阳时及时揭去覆盖物。

(2)培土。从园外挑土培植于茶园,并将茶树根际耙平,促使茶树向下扎根。这样既有利于保肥保水保温,促进茶树生长,又可增强茶园抗寒能力。

(3)熏烟。在冻害来临之前,在无雨晴朗的傍晚,点燃设置在内向、地势得当的茶园边际的草皮堆,使烟雾弥漫,减少夜间辐射散热,可有效预防茶园冻害。熏烟可使叶温提高 1～1.5℃,近地面温度提高 3～5℃。

(4)修剪。对冻害程度较轻和原来有良好采摘面的茶园,采用轻修剪,修剪程度宁轻勿重,尽量保持采摘面;对受害较重的应进行深修剪或重修剪乃至台刈。

(5)其他。加强茶园肥培管理,施足基肥,增加客土,增厚活土层,以及在茶园迎风口建立防护林带等。

 茶树发生冻害后的补救措施有哪些?

茶园遭受冻害后,首先要在进一步观察受害程度的基础上,以减少养分消耗、利于芽叶萌发、尽快恢复生产为原则,分别采取相应措施:

(1)对于受冻茶园,建议以观察为主,观察 1～2 天后,分别采取以下措施:①仅叶片冻伤的茶园,建议不采取任何措施。②仅顶芽冻伤的茶园,建议以摘除受冻嫩芽处理为主。③对于受冻较轻,如只有叶片边缘受冻的茶树,则不必修剪。④对于出现较大面积越冬芽枯萎或焦变的茶园,建议对冻伤芽叶以下 2～5 厘米进行修剪,程度宜轻不宜重。⑤对于上年成熟叶都焦变的,应采取修剪措施;茶树受冻严重的,必须剪去死枝,使之重发新枝。⑥修剪应在气温回升,不会再引起严重冻害后再进行,修剪深度根据受冻程度轻重不同而异,以剪口比冻死部位深 1～2 厘米为宜。

(2)加强肥水管理。茶树受冻、修剪后损耗了体内较多的营养物质,必须加强肥水管理,及时补充营养物质,才能帮助茶树迅速恢复生长和发芽。以施茶叶专用速效追肥为主,也可叶面喷施尿素和氨基酸类叶面肥。受冻茶树免疫力下降,高海拔茶园要关注茶白星病的发生情况。

(3)留养新叶。茶树受冻修剪后,春茶后期留1叶采,夏茶也应适当多留叶。

(4)及时进行茶苗补植。新植茶园的幼龄茶树冻死后,应尽早开展茶苗的购买调运工作,以确保茶苗及时补植。

(5)如需帮助,可咨询当地农业技术专家。

53 茶树遭受旱、热害的症状是什么?

茶树遭遇长时间高温、干旱和强光照后,会出现叶片变色、枯焦、脱落等旱热害症状。其受害程度不同,表现症状也不相同。

(1)轻度受害。受害茶树仅部分叶片出现变色、枯焦,茶枝上部芽叶仍呈现绿色。

(2)中度受害。受害茶树多数叶片变色、枯焦或脱落,但茶枝顶端叶片或茶芽虽变色但尚未完全枯死。

(3)重度受害。受害茶树叶片变色、枯焦、脱落,且篷面枝条出现干枯,甚至整株死亡。

54 茶园抗旱技术措施有哪些?

(1)茶园灌溉。有灌溉条件的茶园应及时采用滴灌、喷灌、流灌、浇灌等方法进行抗旱。在高温季节,灌溉宜在清晨或傍晚进行。

(2)浅耕除草。及时除草可以减少表土水分蒸发,是抗旱的有效措施。但去冬今春新植茶园切忌在旱期进行拔草松土,以免拔松茶苗根系,造成茶树(尤其是幼龄茶树)突然暴晒而死,如茶园杂草较多,宜进行割草。

(3)铺草覆盖。充分利用夏收稻草、绿肥、豆科作物秸秆,对茶丛行间进行铺草覆盖,以降低地温,保持土壤湿度,抑制杂草滋生。一般铺草厚度8～10厘米,每667平方米用草量1 500千克左右。

(4)适当施肥。茶园适当施肥能补给养分,促进根系快长,从而提高茶树抗旱能力。当高温与干旱情况尚在进一步发展之中时,建议不喷药、不施有机肥,以免加重旱热害。

(5)防治病虫害。干旱期间茶园易发生病虫害,主要的茶树病虫害有茶赤叶斑病、茶尺蠖、小绿叶蝉、螨类等,必须及时防治;用药浓度宜低,最好选择在阴天或晴天的早晨或傍晚进行。

(6)补救措施。待雨透旱情解除后,应因地制宜、因树制宜,及时中耕施肥,补充养分,剪去受害干枯的枝叶,促进秋梢生长。对幼龄茶园因茶苗枯死造成的缺株断行,要提前备好茶苗,宜在 10—11 月与翌年 2—3 月及时补植。

55 茶树湿害的主要症状是什么?

茶树湿害主要症状是分枝少,芽叶稀,生长缓慢乃至停止生长,枝条灰白,叶色转黄,树势矮小多病,有的逐渐枯死,茶叶产量极低,吸收根少,侧根伸展不开,根层浅,有些侧根水平或向上生长。严重时,根外皮呈黑色,欠光滑,生有许多瘤状小突起。湿害发生时,根部最先受害,继而影响地上部分生长,表现为叶色失去光泽而萎凋脱落。湿害茶园,将茶树拔起检查,很少有细根,粗根表皮略呈黑色。由于受害的地下部分症状不易被人们发现,等到地上部分显出受害症状时,几乎不可挽救。

56 如何防治茶园湿害?

(1)坡地茶园,首先应在茶园上坡地段按等高线挖好拦洪沟,并连接纵向排水沟。纵向排水沟可随道路盘曲而下,形成梯级排水沟,每级水沟外缘应高于内侧,以防水土流失。其次,在每级梯台内侧,开挖深 20～30 厘米、宽 30 厘米、长 150 厘米不等的竹节沟,使竹节沟与排水沟连接。在竹节沟出水口做一小土坝,土坝高度应低于台面,做到水少时可利用竹节沟蓄水,水多时可将水排到排水沟。

(2)平地茶园,可顺地势在园内及四周开好排水沟,低洼地须挖 1 米或更深的沟进行排水。若土质黏重,雨季易积水,可采用行间低,植茶位置高的方法排水。此外,要特别注意沙地茶园排水。

(3)开辟新茶园时,开垦深度 50 厘米以上,如有明显障碍层,应破除障碍层。

(4)地下水位高的茶园,要在茶园上方挖好横截水沟,切断地面径流,在茶园下方,开挖排水沟,降低地下水位。

(5)受轻度湿害的茶园,除做好排水工作外,可采取根外追肥的方法进行补救。同时,加强肥水管理,以提升防效。

(6)湿害严重的茶园,应结合换种改植,平整土地,重新科学规划,建立新园。

57 产生茶园公害的原因有哪些?

茶园公害产生的原因有大气污染、土壤污染、农药污染和化肥污染等。

(1)大气污染。大气中常见的气体污染物有二氧化硫、氟化氢、氮氧化物、氯气、臭氧、碳氢化合物等。大气污染物来源有工业污染源、交通运输污染源、生活污染源和农业生产污染源。

(2)土壤污染。茶园土壤受污染的原因有多方面,主要污染物来源有水体污染、大气污染、农业生产污染、生物污染和固体废弃物污染等。

(3)农药污染。农药环境污染问题主要指化学农药,一般是指用于防治农、林、牧业病、虫、草、鼠害，其他有害生物(含卫生害虫)，以及调节植物生长的药物及加工制剂。给茶叶带来农药残留的原因是喷药或其他间接途径造成。间接途径影响茶叶农药残留主要有3个渠道：一是茶树从土壤中吸收农药；二是在茶园中使用了受污染水源的水；三是空气漂移。

(4)化肥污染。化肥污染主要有：在肥料中混杂的有害成分，被茶树吸收而贮存在茶叶中，通过饮用影响人的身体健康；长期施用化肥，茶园有机质减少使地力下降，土壤物理化学性质和生物学性质变化，而影响到茶叶的产量和质量；肥力成分，特别是氮肥在土壤中渗入地下水或流入池塘、江河、湖海，造成水体污染；有害微生物和夹杂物的污染。

58 无公害茶园污染源的控制方法有哪些?

茶叶中的污染物质，一部分来自茶园土壤、水体和大气等自然环境；另一部分则来自农药、肥料、机械等生产资料投入。要控制和消除茶叶污染，需要实行综合治理。

(1)大气污染的防治与控制。通过种植防护林和行道树将茶园与工厂和公路隔离开来以净化空气，对茶园周围的工厂加高烟囱排烟。

(2)茶园土壤污染治理。一方面从土壤中去除重金属；另一方面通过改变重金属存在的形态，降低其活性。

(3)茶叶中的农药残留控制。一是利用微生物降解；二是利用添加物以减少土壤中的农药残留；三是种植吸附性强的植物；四是利用紫外线的光解作用。

(4)化肥和有害微生物等的污染控制。严格选择使用的肥料种类，避免将存在污染的化学肥料施入茶园；生产过程中的各环节所用材料、器具按照食品生产场所的卫生要求，改善茶叶生产场所的基本环境卫生条件与机具的卫生质量，严格遵守茶厂卫生管理制度等等。

59 茶园土壤污染治理措施有哪些?

土壤污染的治理方法有生物、物理或化学等方法。

(1)生物措施。利用土壤微生物对重金属的吸收、沉淀、氧化和还原作用，降低或消除重金属污染。

(2)农业工程措施。主要是利用改良剂对土壤重金属的沉淀作用、吸附抑制作用和拮抗作用，以降低重金属的扩散性和生物有效性。具体措施有以下几个：增施促还原的有机肥；合理施用磷酸盐化肥；适当施用石灰性物质；施用石灰硫黄合剂、硫化钠等含硫物质使土壤重金属生成硫化物沉淀；加抑制剂、吸附剂；利用无毒阳离子拮抗重金属；翻耕客土或换土。

如何控制茶叶中的农药残留？

（1）农业防治。通过选育抗性品种、合理修剪和台刈、施肥与深耕相结合、及时适时采摘、抗旱保湿、中耕除草、疏枝清园等一系列种植管理措施，优化茶园生态环境，防止病虫害的发生和危害，从而保障茶树正常生长。

（2）物理防控。利用茶园害虫茶小绿叶蝉、黑刺粉虱、茶尺蠖等的趋光习性，采用灯光诱杀、黄板诱杀或人工捕杀的方法来防治害虫。

（3）生物防治。在茶园病虫害防治时，大力推广植物源、矿物源和微生物源农药，并充分利用天敌对茶园害虫的自然控制作用。

（4）化学防治。防治病虫草害时，应通过农业防治、生物防治和物理机械防治来减少化学农药的用量，在不得已时可限制使用化学农药，但应注意科学用药，保障茶叶产品质量安全。①严格执行《农药合理使用准则》《农药安全使用规定》，全面禁用三氯杀螨醇、氰戊菊酯等高毒、高残留农药，要按照农药安全间隔期使用农药，避免茶叶农药残留超标。②推广应用低毒、低残留的对口农药，优先推广生物农药。③加强测报，按防治指标适时用药。在茶叶各个生长季节，均应加强田间病虫调查，坚持各种病虫达到防治指标才用药。④讲究施药技术和方法。为了避免害虫产生抗药性，不同类型的农药要交替轮换使用。喷药时正确掌握用药量、药液浓度和施药方法，注意施药均匀周到。

三、有机茶生产

61 什么是有机茶？

有机茶是在原料生产过程中遵循自然规律和生态学原理，采取有益于生态和环境的可持续发展的农业技术，不使用合成的农药、肥料及生长调节剂等物质，在加工过程中不使用合成的食品添加剂的茶叶及相关产品。有机茶对环境、生产、加工和销售环节都有严格的要求。其中，有机茶的原料产地必须符合 NY 5199—2002《有机茶产地环境条件》，生产按照 NY/T 5197—2002《有机茶生产技术规程》操作，加工符合 NY/T 5198—2002《有机茶加工技术规程》，产品达到 NY 5196—2002《有机茶》的要求。根据有机茶农业行业标准，有机茶园生态环境是友好型的，栽培管理环保、低碳、高效，加工过程是安全无污染的，流通过程实行标志管理可追溯，因此有机茶是一种安全、环保、优质、时尚的饮品。

62 如何区别有机食品、绿色食品和无公害食品？

（1）有机食品是有机产品（图19）的一类，是生产、加工、销售均符合有机标准的产品。有机产品还包括棉、麻、竹、服装、化妆品、饲料（有机标准包括动物饲料）等"非食品"。目前，我国有机产品主要包括粮食、蔬菜、水果、奶制品、畜禽产品、水产品及调料等。

（2）绿色食品（图20）是指产自优良生态环境、按照绿色食品标准生产、实行全程质量控制并获得绿色食品标志使用权的安全、优质食用农产品及相关产品。绿色食品认证依据的是农业部绿色食品行业标准。绿色食品在生产过程中允许使用农药和化肥，但对用量和残留量的规定通常比无公害标准要严格。

图19　有机产品标志　　　　图20　绿色食品标志

（3）无公害农产品（图21）是指产地环境、生产过程和产品质量符合国家有关标准和规范的要求,经认证合格获得认证证书并允许使用无公害农产品标志的未经加工或者初加工的食用农产品。无公害农产品生产过程中允许使用农药和化肥,但不能使用国家禁止使用的高毒、高残留农药。

图21 无公害农产品标志

有机茶认证检查内容主要有哪些?

有机茶认证检查至少应包括以下内容:

（1）对生产、加工过程和场所的检查,如生产单元存在非有机生产或加工时,也应对其非有机部分进行检查。

（2）对生产、加工管理人员、内部检查员、操作者的访谈。

（3）对 GB/T 19630.4 所规定的管理体系文件与记录进行审核。

（4）对认证产品的产量与销售量的汇总核算。

（5）对产品和认证标志追溯体系、包装标识情况的评价和验证。

（6）对内部检查和持续改进的评估。

（7）对产地和生产加工环境质量状况的确认,并评估对有机生产、加工的潜在污染风险。

（8）样品采集。

（9）如果是复认证检查,还须对上一年度提出的不符合项采取的纠正措施进行验证。

有机茶认证程序是什么?

以杭州中农质量认证中心为例,介绍有机茶认证的具体程序。

（1）信息询问。询问有机茶认证相关信息,并索取资料。

（2）认证申请。向中心索取申请表和基本情况调查表,申请者将填好的申请表、调查表和相关材料寄回中心。

（3）申请评审。中心对申请者资料进行综合审查,决定是否受理申请。

（4）合同评审。对于申请材料齐全、符合要求的申请者,中心与其签署认证协议。申请者将申请费、检查与审核费、产品样品检测费汇到中心,上述费用系实际发生费用,与最终认证结果无关。

（5）文件评审。在确认申请者已缴纳认证所需相关费用后,根据认证依据的要求对申请者的管理体系文件进行评审,确定其适宜性、充分性及与认证要求的符合性。

（6）现场检查。按照申请者确认后上传到国家认监委信息系统的检查计划,检查组根据认证依据的要求对申请者的管理体系进行评审,核实生产、加工过程与申请者提交文件的一致性,确认生产、加工过程与认证依据的符合性,并现场抽取产品样品。

(7)样品检测。样品送至中心分包检测机构进行检测。

(8)综合审查。根据申请者提供的申请材料、检查组的检查报告和样品检测结果进行综合审查评估,编制认证评估表,在风险评估的基础上提出颁证意见。

(9)认证决定。根据综合审查意见,基于产地环境质量、现场检查和产品检测结果的评估,做出认证决定,颁发认证证书。

(10)证后管理。获证者正确使用有机产品认证证书、有机产品认证标志;接收行政监管部门及中心的监督与检查;及时通报变更的信息;再认证申请至少在认证证书有效期结束前 3 个月提出。

 如何实现有机茶生产全程可追溯?

(1)为保证有机茶的完整性,有机茶生产、加工者应建立完善的追踪系统,保存能追溯实际生产全过程的详细记录(如地块图、农事活动记录、加工记录、仓储记录、出入库记录、运输记录、销售记录等)以及可追踪的生产批号系统。

(2)获得有机茶认证的生产、加工单位或者个人,从事有机茶销售的单位或者个人,应当在生产、加工、包装、运输、贮藏和经营过程中,按照《中华人民共和国国家标准: 有机产品(GB/T 19630.1-19630.4—2011)》和《有机产品认证管理办法》的规定,建立完善的跟踪检查体系和生产、加工、销售记录档案。

 如何对有机茶基地进行档案管理?

建立有机茶基地田间档案,不仅可以对生产过程进行跟踪审查,明确生产责任,及时发现不合格产品,并查明原因,还可提供产品品质证明和有机认证制度要求的技术证据。档案内容主要包括:

(1)生产基地的位置图。应按比例绘制且至少包括 6 个方面内容:一是种植区域的地块大小、方位、边界、分布情况、缓冲区;二是河流、水井及其他水源;三是相邻土地及边界土地的利用情况;四是原料仓库及集散地布局;五是隔离区域状况;六是生产基地内能够表明该基地特征的主要标示物,如建筑、树林、溪流、排灌系统等。

(2)茶园历史记录。详细列举过去 3 年每个地块每年的投入物(肥料和农药等)及其投入量和日期。

(3)农事活动记录。记录施肥、除草、修剪、采摘等实际生产活动的日期和形式,以及天气条件、遇到的问题等其他事项。

(4)当年投入物记录。详细记录外来投入物种类、来源、数量、使用量、日期和地块号等,可以从收据和标签上加以鉴别,记录应和地块号相关联。

(5)采摘记录。按地块分别记录采摘日期、数量、鲜叶等级等,可包含在农事活动记录中,也可单独记录。根据《中华人民共和国食品安全法》《中华人民共和国农产品质量安全法》《有机产品认证管理办法》等国家标准的要求,有机茶应当建立认证档案,且档案至少保存 5 年。

67 有机茶基地如何选择?

有机茶基地的选择应满足以下条件:

(1)有机茶产地应远离城市工业区、城镇、居民生活区和交通干线,水土保持良好,茶园周围林木繁茂,生物多样性指数高,远离污染源,且具有较强的可持续生产能力。基地附近及上风口、河道上游无明显的和潜在的污染源。

(2)有机茶园与常规农业生产区域之间应有明显的隔离带,以保证茶园不受污染。隔离带以山和自然植被等天然屏障为宜,也可以是人工营造的树林和农作物。农作物应按有机农业生产方式栽培。

(3)茶园土壤环境质量应符合规定要求,理化性状较好,潜在肥力水平要高,最好是黑沙土、油沙土等。且茶园最近 3 年没有用过化肥、农药和除草剂等人工合成的化学物质,或没有超标的化学肥料、农药、重金属污染。生产基地空气清新,生物植被丰富,周围有较丰富的有机肥源。

(4)茶叶基地的生产者、经营者具有良好的生产技术基础,基地规模较大的,周围还要有充足的劳力资源和清洁的水源。

(5)茶园要适当集中,有一定面积,种植规范,生长良好,病虫害少。

(6)周边生态良好,多林木,生物多样性丰富。

68 新建有机茶基地如何规划?

根据有机农业的原则和有机茶生产标准要求,进行因地制宜的全面规划,制订出具体的发展实施方案。综合分析基地的地形地貌和有关条件,因地制宜地设置茶场(厂)部、种茶区(块)、道路、排水、蓄水、灌溉水利系统,以及防护林带、绿化区、养殖区和多种经营用地等。

(1)道路系统的设置。为使茶园管理和运输方便,根据整体布局,须设置主干道和次干道,并互相连接成道路网。缓坡丘陵地可设在岗顶,坡度较大的山地,干道设在坡脚,支道与步道按"S"形绕山开筑。禁止陡坡茶园开设直上直下的道路,避免水土冲刷。平地的干道、支道等应尽量设置成直线形,以减少占地面积,提高劳动效率。

(2)排蓄水系统的设置。园地内的沟、渠等水利系统设置,应与道路网紧密配合,以水土保持为中心,做到小雨不出园,中大雨能蓄能排。有条件的应建立茶园移动式喷灌系统,保证茶树生长具有适宜的水肥条件。茶园路边、坡地、沟边应植树种草,茶园内根据地势应修建竹节沟(或鱼鳞坑)、蓄水池等,建成保水、保土、保肥的"三保"茶园。在每片茶园附近应修建一个积肥坑(池),平时不断堆积各种有机物料(如杂草、秸秆、畜粪、绿肥等),腐熟后,供茶园施用。

(3)隔离沟。在茶园与山林或农田交界处,横向设置隔离沟,隔绝雨水径流,两端与天然沟渠相连。

(4)纵沟。顺坡设置,可利用原有溪沟,排除茶园中多余的地面水。

(5)横沟。与茶行平行设置。坡地茶园每隔 10 ~ 15 行开一条横沟,以蓄积雨水浸润茶地,并排泄多余的雨水入纵沟。

(6)地块划分。一般以不超过 6 670 平方米为宜,茶行长度不超过 50 米为宜。

 有机茶基地如何进行生态建设?

(1)改善茶园小气候,促进生物多样性。在发展新茶园和改造低产茶园时,应适当保留部分林木植被。茶园四周营造防护林带。在低纬度、低海拔区茶园中适当种植豆科植物和遮阴树,每 667 平方米种植 5 ~ 8 株。随地势海拔升高,遮阴程度相应减少。连片种植超过 20 公顷的茶园应有自然植被或人工绿化带穿插其中,在主要道路、沟渠和工厂、房舍等周边多种植适宜的树木,实行林、灌、草结合。在基地周边上风口营造防护林带,尽量保护好基地中的生物栖息地,增加生物多样性。

(2)水土保持,防止冲刷。坡地茶园应修筑水平梯田,实行等高种植和合理密植,对梯壁上的杂草要以割代锄,或在梯壁上种植绿肥、护坡植物或豆类、花生、姜等经济作物。推广茶园铺草,试行减耕与免耕,减少土壤侵蚀,增加水分渗透,稳定土温与湿度,增加土壤肥力与生物活性。

(3)禁用化学合成物质。在茶叶生产过程中禁止使用一切化学合成物质,杜绝与清除污染源,保护基地生态环境。

(4)发展有机畜牧业和养殖业。利用畜禽粪还田,或在茶园养羊、养鸡等,达到茶、林、牧生态效应的良性循环。加强对基地内生物栖息地的保护,促进各类动植物及微生物种群的繁衍发展。茶场内多样性植物与栖息地的覆盖面积应占茶场总面积的 5%~ 10%。

(5)设置边界与缓冲区。在有机茶园与常规农业园地交界处,应有不小于 9 米的缓冲区或隔离带,以自然山地、河流、植被等作为天然屏障,也可用人工树林或作物隔离。若种植作物,须按有机方式栽培。

(6)建立绿肥基地。充分利用地边、沟边及零星地角种植多年生绿肥。对不适宜种茶的地块,规划成绿肥专用基地。

有机茶园品种选择应注意哪些问题？

（1）品种要适宜。宜选择适应当地气候、土壤条件，且对当地主要病虫害有较强抗性的茶树品种。加强不同遗传特性品种的搭配。

（2）来源要可靠。种苗应来自有机农业生产系统，但在有机生产的初始阶段无法得到经过认证的有机种苗时，可使用未经禁用物质处理的常规种苗。

（3）质量符合标准。种苗质量应符合《茶树种苗（GB 11767—2003）》中规定的1级、2级标准。禁止使用基因工程繁育的种苗。

 常规茶园如何转换为有机茶园？

常规茶园转换成有机茶园是一项系统工程，需要通过过渡期间的生态建设，并按照有机茶技术管理措施进行建设，使原有的常规茶园各项质量技术指标都达到有机茶指标后，再通过有机茶认证，才能正式转换为有机茶园。

（1）检测认定。首先，需要对常规茶园的大气、土壤、水源、周边环境质量和生产的茶叶进行检测。然后，把检测结果与有机茶全部质量标准进行对照，差什么补什么，循序渐进，分批转换。对有些质量指标差距较大，较难转换的茶园不要勉强转换，否则会事倍功半。

（2）茶园改造。①幼龄茶园改造。对断行缺株茶园采用同一品种、同一树龄的植株进行补缺，确保茶园有良好的园相。然后，按照有机茶质量技术管理措施严格进行管理。②生产茶园改造。根据生产茶园的树型状况采用轻剪、重剪、深剪、台刈等修剪方法进行树冠面和树体改造。

（3）土壤管理。主要包含浅耕除草、铺草覆盖、种植绿肥、放养蚯蚓以及施肥管理等内容。注意当茶园土壤变得肥沃松软、杂草稀少，且树冠覆盖率达到90%以上时，可采用减耕或免耕技术措施。肥料的选择应符合有机茶园施肥准则，选用如堆（沤）肥、畜禽粪便、饼肥、动物残体或制品、绿肥、草肥、菌肥、有机茶类专用肥和天然矿物肥等经无公害化处理的无污染肥料。

（4）病虫防治。通过保护和利用天敌资源，保护茶园群落结构来维持茶园生态平衡；采用农业技术措施，加强茶园栽培管理；采用适当的物理防治技术，有条件地使用植物源和矿物源农药；严禁使用化学农药、化学除草剂、化学增效剂、土壤改良剂等，不得使用被污染的水灌溉茶园，确保茶园无公害。

（5）生态建设。完善隔离带、防风林、遮阴树、护坡树、路边树、沟边树、山边树等树木种植和边角地绿肥种植以及茶园水利系统、道路网、山塘水库等配套设施。

（6）环境整治。按有机茶基地建设质量标准要求整治茶园内及周边环境质量，使常规茶园转换成符合质量的有机茶园。

有机茶园的施肥原则是什么?

(1)禁止施用各种化学合成肥料。禁止施用各种受污染的有机、无机废物。

(2)严禁施用未经腐熟的新鲜人粪尿、畜禽粪便,如要施用须按要求进行充分腐熟和无害化处理,并不得与茶叶叶面接触,使之符合有机茶生产规定的卫生标准,但出口有机茶基地慎用。

(3)就地取材原则。有机肥源应主要来自本茶场或其他有机农场。外来农家有机肥经过检测确认符合要求才可使用。外购商品化有机肥、有机复混肥、有机叶面肥等应通过有机认证或经认证机构许可才能使用。

(4)有机肥堆制过程中,允许添加来自自然界的微生物,促进分解、增加养分,但禁止使用转基因生物及其产品。

(5)天然矿物肥和生物肥料不得作为茶园中营养循环的替代品。矿物肥料只能作为长效肥料并保持天然成分,禁止采用化学处理提高其溶解性。同时严格控制其用量,以防土壤重金属累积。

(6)大力提倡各种间作豆科绿肥及修剪枝叶回园技术。

(7)定期对土壤进行监测,建立茶园施肥档案制,如发现因施肥引起土壤某些指标超标或污染的,应立即停止施用,并向有机认证机构报告,查明原因。

 有机茶园允许施用哪些肥料?

(1)堆(沤)肥。肥料中不含任何禁止使用的物质,并经过 50 ~ 70℃ 高温堆制处理数周,如蘑菇培养废料和蚯蚓培养机质的堆肥。

(2)畜禽粪便。须经过堆腐和无害化处理。

(3)海肥。指非化学处理过的各种水产品的下脚料,须经过堆腐充分腐解。

(4)饼肥。指天然植物种子的油粕,其中茶籽饼、桐籽饼等要经过堆腐,豆籽饼、花生饼、菜籽饼、芝麻饼等可直接施用。

(5)动物残体或制品。指未经化学处理过的血粉、鱼粉、骨粉、皮毛粉、蚕蛹等。

(6)绿肥。春播夏季绿肥,秋播冬季绿肥,坎边多年生绿肥,以豆科绿肥为最好。

(7)草肥。指山草、水草、园草和不施用农药和除草剂的各种农作物秸秆等,最好经过暴晒、堆沤后施用。

(8)天然矿物和矿产品。指不受污染,且不含有害物质的磷矿粉、钾矿粉、硼酸盐、微量元素、天然硫黄、石灰石等。

(9)有机叶面肥。指以动植物为原料,采用生物工程制造的含有各种酶、氨基酸及多种营养元素的肥料,并经有关有机产品认证机构颁证和认可的才可施用。

(10)沼气肥。指通过沼气发酵后留下的沼气水和肥渣等。

如何对农家肥进行无害化处理？

农家肥无害化处理的方法很多，有化学法、物理法、生物法等，其中最常用的是EM 处理法和自制发酵催熟粉堆腐法。

（1）EM 处理法。①购买 EM 原液，按清水 100 毫升、蜜糖（或红砂糖）20 ～ 40克、米醋 100 毫升、烧酒（含酒精 30％ ～ 35％）100 毫升、EM 50 毫升的比例配置稀释液。②将人、畜、禽粪便风干使含水率达 30％ ～ 40％。③将稻草、玉米秆、青草等切成 1 ～ 1.5 厘米长的碎片，加少量米糠拌匀，待做膨松剂。④将稻草等膨松物与粪便按重量 1∶10 混合搅拌均匀，堆成厚 20 ～ 30 厘米的肥堆。⑤在肥堆上薄薄撒上一点米糠或麦麸等物，之后再洒上配备好的 EM 稀释液，每 1 000 千克肥料洒 1 000 ～ 1 500 毫升稀释液。⑥按同样的方法铺上 3 ～ 5 层，然后盖上塑料布使之发酵，当堆内温度达 50℃以上时翻 1 次。一般要翻动几次才可完成。完成发酵的肥堆中长有许多白色的霉毛，并有一种特别的香味。一般夏天 7 ～ 15 天完成，春天要 15 ～ 25 天，冬天需更长时间。

（2）自制发酵催熟粉堆腐法。①按重量比例分别称取以下物质备用：米糠（14.5％）、油粕（14％）、豆渣（13％）、糖类（8％）、水（50％）、酵母粉（0.5％）。②先将糖类添加于水中，搅拌溶解后，加入米糠、油粕、豆渣和酵母粉，再经充分搅拌混合后，堆放于 30℃以上温度下，保持 30 ～ 50 天进行发酵。③再按 1∶1 比例加草炭粉或沸石粉，搅拌均匀，风干后制成堆肥催熟粉。④将风干粪便与稻草（切碎）等膨松物按重量 100∶10进行混合，再按 1∶125 加入催熟粉充分搅拌制成堆肥，当温度达 50℃以上时进行翻动。堆腐全过程 30 ～ 40 天。此方法也可把原粪便中的虫卵、杂草种子等杀死，大肠杆菌、臭气等也可大大减少，达到无害化的目的，但效果比 EM 处理法稍差。

75 有机茶园如何施用基肥？

有机茶园只能施有机肥和天然矿物质肥料，这些肥料主要是作基肥施用，所以施好基肥对有机茶园高产、优质、高效十分重要。基肥的施用，要把握好"净、早、深、足、好"五个原则。

（1）净，指有机茶园施用的有机肥其卫生指标、重金属含量及农残必须达标，绝不允许掺杂化学合成的肥料，商品有机肥须经有机认证机构认证或认可才能施用。天然矿物质肥料须持有检验报告，待确认无害后才能施用。

（2）早，指基肥施用时期适当要早。因有机肥养分释放比较缓慢，须适当早施才能使其在土壤中早矿化、早释放。早施基肥，可提高茶树对肥料的利用率，能增加对养分的吸收与积累，有利于茶树抗寒越冬和春梢的形成与萌发，有利于提高产量、质量。在长江中下游广大茶区，要力争 10 月上旬施完。

(3)深,即施肥要有一定深度。茶树根系具有明显的向肥性,深施有机肥,才能把根引向深处,扩大根系活动范围和吸收容量。根深才能叶茂,才能提高茶树在逆境中的生存能力。一般成龄采摘茶园力求做到基肥沟施,深度超过25厘米;幼龄茶园可根据树龄由浅逐步加深,但最浅也要从15厘米开始。

(4)足,指基肥施用量要多。一般基肥用量不得少于全年用肥量的50%~80%。成龄采摘茶园,如施堆肥每年每667平方米不得少于1 000千克,如施菜籽饼肥每年每667平方米不得少于200千克。

(5)好,指基肥质量要好。所选基肥既要能改良土壤,又要能提供茶树所需营养物质。基肥中可多掺些含氮高的有机物,如鱼粉、血粉、蚕蛹、豆籽饼等。还可将天然矿物质肥料(如磷矿粉、云母粉、钙镁磷肥等)与有机肥掺合在一起经堆制后作基肥用,以提高基肥中磷、钾、镁等的含量。此外,施肥时注意方法得当,要土肥相融、及时覆土,防止伤根和漏风等。

76 有机茶园如何追肥?

(1)追肥时间。春肥以2月下旬至3月上旬追施为宜;早芽种要早施,迟芽种要晚施,阳坡和岗地茶园要先施,阴坡和沟、谷地茶园要后施;夏肥一般5月中下旬施用;秋肥避开"伏旱"施用。

(2)肥料选择。春肥最好选择速效性强的有机肥,如经过充分腐熟和无害化处理的堆沤肥,人、畜、禽粪肥或沼气池中的废液等,也可用有机茶专用追肥。夏、秋追肥可用速效有机肥,如沤肥的肥水及沼气液,或经过充分熟化的有机肥等。

(3)施肥深度。可较基肥浅,一般10~15厘米即可。

77 有机茶园如何施用叶面肥?

(1)叶面肥选择。只有经过有机认证的有机叶面肥和叶面营养液才可在茶园中施用。如发现属缺素症的有机茶园,可根据需要喷施微量元素肥料,如硫酸锌、硫酸铜、硫酸锰、硫酸镁、钼酸铵、硼酸、硼砂等,但其浓度应限制在0.01%以下,喷施后20天才可采茶。

(2)喷施时间。晴天应在15时后施用,阴天不限,如喷施后2天内下雨,必须重新喷施。

(3)喷施方法。喷施时要将叶子正反面都喷湿喷匀,因叶子背面吸收根外肥的强度比叶子正面要强得多,所以要喷洒在叶子背面才更有效果。

78 有机茶园如何解决肥源?

充分利用地边地角广种绿肥;在茶园周边荒芜地块建立绿肥专用基地;充分利

用山区的山草、枯枝落叶,在地头挖建积肥坑堆制或沤制堆、沤肥;在茶园附近建立小型畜禽场,种养结合解决肥源问题;直接在有机茶园放养鸡、鹅、兔等食草性动物;充分发挥茶树自身物质循环的优势,大力推广修剪枝叶回园的措施。

 茶园间作绿肥有哪些好处?

(1)可以增加茶园行间的绿色覆盖度、减少土壤裸露程度、降低地表径流、增加雨水向土壤深处渗透、减少水土流失。

(2)绿肥根系发达,尤其是豆科绿肥有共生的固氮菌,可以固氮,它在行间生长不仅可以促进深处土壤疏松,而且还可增加土壤有机质,提高氮素含量,加速土壤熟化。

(3)茶园间作绿肥可以改善茶园生态条件,冬绿肥可提高地温,减少茶苗受冻程度,夏绿肥还可起到遮阴、降温的效果。

 如何选择茶园绿肥?

(1)要根据茶园气候条件、土壤特点、茶树品种、种植方式以及茶树树龄因地制宜地选择适宜的绿肥品种。针对有机茶园缺氮的问题,首先应考虑选择固氮能力强、含氮高的豆科作物。虫害多的茶园可考虑选择对虫害有驱赶性的非豆科作物。

(2)作为种植前先锋作物的绿肥,尽量选择耐贫瘠、抗旱、根深、植株高大、生长快的豆科绿肥,如圣麻、大叶猪屎豆、决明子、羽扇豆、田菁、印度豇豆、肥田萝卜等。

(3)1 ~ 2年生中小叶种幼龄茶园,宜选择矮生或匍匐型豆科绿肥,如小绿豆、伏花生、矮生大豆等。

(4)2 ~ 3年生幼龄茶园,宜选择早熟、速生绿肥,如乌豇豆、黑毛豆、泥豆等。

(5)坎边绿肥宜选择多年生绿肥,如紫穗槐、草木樨、知风草、霜落、大叶胡枝子、除虫菊、艾草、鱼藤等。

 茶园绿肥种植的关键技术有哪些?

(1)适时播种。一般秋播冬绿肥在9月下旬至10月上旬播种,春播夏绿肥在4月上中旬播种。

(2)合理密植。条栽茶园夏季绿肥宜采用"1、2、3对应3、2、1"的间作法,即1年生茶园间作3行绿肥,2年生茶园间作2行绿肥,3年生茶园间作1行绿肥,4年生以后茶园不再种植绿肥。秋播冬绿肥,因茶树与绿肥间矛盾少,可适当密播。也可混播,绿肥之间取长补短,利于抗寒和抗旱。

(3)根瘤菌接种。新开垦的或换种改植的有机茶园,间作绿肥时,可选用相应的根瘤菌接种,以提高绿肥产量及固氮能力。

(4)增施磷肥,以磷增氮。在豆科绿肥播种时或苗期增施钙镁磷肥或磷矿粉肥,可促进绿肥作物生长,进而增强根瘤的固氮能力,提高绿肥产量和含氮水平,增加土壤氮素营养。

(5)及时刈青,减少茶肥矛盾。一般在绿肥处于上花下荚时割埋最好,为了经济效益也可采收部分豆荚后翻埋。

(6)充分利用零星地块广辟肥源。利用路边、沟边、水库、堰塘四周等不宜种茶区域种植绿肥,并结合护路、护梯、护坎进行合理规划,绿肥应以多年生耐刈青的高秆绿肥为主。

82 有机茶园绿肥利用方式有哪几种?

(1)牲畜饲料。许多茶园绿肥都具有较高的营养价值,可作牲畜饲料。绿肥经牲畜胃肠消化吸收后,以牲畜粪便形式经无害化处理再施于茶园。

(2)沼气发酵材料。茶园绿肥有机质含量高,和牲畜家禽粪便一起放入沼气池中发酵,产生的沼气可作燃气和照明用,废渣和沼气液含氮量高,速效性强,可作茶园追肥。

(3)茶园土壤覆盖物。春播夏绿肥可作夏秋伏天干旱时的覆盖草料,拔起后直接铺到行间,起抗旱保苗作用,待秋冬深耕时又可埋入土中作肥料用。秋播冬绿肥可作春、夏时的土壤覆盖草料,起到防冲、保墒、降温的作用,待翌年茶园浅耕时埋入土壤作肥料。

(4)直接翻埋作肥料。秋播冬绿肥在5月待绿肥上花下荚时拔株后在行间开沟作春肥施用,春播夏绿肥在8—9月待绿肥长到上花下荚时开沟作夏、秋肥施入。埋青时注意不要靠茶根太近,以埋在行间为宜。

(5)作堆、沤肥。在茶园地边挖几个大小不等的地头坑,将各种绿肥及杂草、枯枝落叶等有机物与厩肥、海肥、塘泥放在坑中,经一段时间堆沤之后作基肥或追肥。

83 茶园行间铺草有哪些好处?

(1)茶园铺草可以增加土壤有机质,利于土壤生物繁殖和土壤熟化,同时也可增加土壤营养元素,提高土壤肥力水平。

(2)幼龄茶园和生长势差树冠幅度小的茶园,行间空间大易滋生杂草,行间铺草,杂草受铺草抑制,见不到阳光,从而抑制杂草生长。

(3)茶园铺草后可减小地表水径流速度,增加水分在地表的滞留时间,增加土壤含水量,减少茶园水土流失。

(4)茶园铺草可以稳定土壤的热变化,夏季防止土壤水分蒸发,具有抗旱保墒作用,冬天可保暖防止冻害。

 84 **茶园铺草要注意哪些事项?**

为防止茶园覆盖用草将病菌、害虫和草种带入茶园,加重茶园病虫及杂草危害,铺草之前需要进行以下处理:

(1)暴晒处理。将收割的山草铺成厚约 30 厘米,在阳光下暴晒,利用紫外线杀死病菌及害虫。已经结实的,还要用靶子敲打使草籽脱落后再用于茶园覆盖。

(2)堆腐处理。在茶园地边、地角处,用微生物发酵或自制的发酵粉等堆腐,一层山草喷洒一层菌液,利用堆腐时的高温把病菌、病虫及草籽杀死,之后将未完全腐解的草料铺到茶园。

(3)石灰处理。在阴天或无法进行堆腐处理时,也可采用石灰水消毒。把鲜草堆放在茶园地边地角处,然后喷洒 5% 的石灰水堆放一段时间后再搬到茶园。

 85 **茶园饲养蚯蚓有哪些好处?**

(1)蚯蚓可吞食茶园枯枝烂叶和未腐解的有机肥料变成蚯蚓粪便,促进土壤有机物的腐化分解,加速有效养分的释放,熟化土壤,提高土壤肥力。

(2)蚯蚓的大量繁殖和活动,可疏松土壤,增加土壤孔隙度,利于茶树根系生长,促进对养分的吸收和利用。

(3)蚯蚓本身还是含氮量很高的动物性蛋白,在土壤中死亡腐烂,是肥效很高的有机肥料,可直接供给茶树营养。如果蚯蚓数量很多,也可将其取出晒干粉碎作鱼饲料。

 86 **怎样在有机茶园里放养蚯蚓?**

(1)虫种培养。先在茶园地边挖几个长 3 ~ 4 米、宽 1 ~ 1.5 米、深 30 ~ 40 厘米的土坑,坑底铺上 10 厘米左右较肥的壤土,壤土上放一层稍经堆腐的枯枝烂叶、畜禽粪便等作为蚯蚓的食料,做成蚯蚓床。在食料上再铺上 10 ~ 15 厘米厚的肥土,每天浇水,使蚯蚓床保持 50% ~ 60% 的含水率。把蚯蚓接种到蚯蚓床内,每平方米接种 30 ~ 50 条。经常浇水,保持床内湿润,数月后蚯蚓即可大量繁殖。

(2)放养茶园。先在茶园行间开一条宽 30 ~ 40 厘米、深 30 厘米的放养沟,沟里铺放堆沤肥、茶树枯枝落叶、稻草等,加上少量表土拌和均匀。然后挖出蚯蚓、蚯蚓粪便及剩余的枯枝落叶等,分撒到放养沟中,盖上松土后浇水,让蚯蚓自然生长繁衍。每年结合施基肥,检查一次蚯蚓生长情况并加蚯蚓食料。

四、茶园病虫害的防治

87 什么是茶树病虫害绿色防控?

(1)病虫害绿色防控是以确保农业生产、农产品质量安全和农业生态环境安全为目标,以减少化学农药使用量为目的,优先采取生态控制、生物防治、物理防治等环境友好型措施来控制茶树病虫害。

(2)从整体上来看,绿色防控是指从农田生态系统整体出发,以农业防治为基础,积极保护利用自然天敌,恶化病虫的生存条件,提高农作物抗虫能力,在必要时合理的使用化学农药,将病虫危害损失降到最低限度。

(3)绿色防控通过推广应用生态调控、生物防治、物理防治、科学用药等绿色防控技术,以达到保护生物多样性、降低病虫害暴发概率的目的。同时,它也是促进标准化生产,提升农产品质量安全水平的必然要求,是降低农药使用风险,保护生态环境的有效途径。

88 什么是茶园农业防治?

农业防治以茶园田间管理为基础,是指通过各种茶园栽培管理措施,调节和改善作物的生长环境,以增强作物对病、虫、草害的抵抗力,创造不利于病原物、害虫和杂草生长发育或传播的条件,以控制、避免或减轻病、虫、草的危害。主要措施有优化茶园生态环境、品种的选择和搭配、茶树修剪、采摘、茶园耕作、施肥、灌溉、排水、清园疏枝等。它既是茶叶生产过程中的主要技术措施,又是病虫害防治的重要手段,农业防治具有预防和长期控制病虫害的作用。

89 如何进行茶园农业防治?

(1)选择抗性品种。茶树是多年生植物,选品种时,除考虑其产品质量水平、气候适应性、茶类适制性外,还应考虑其对当地主要病虫害的抗性程度。

(2)合理修剪和台刈。修剪和台刈对许多茶树病虫害有抑制作用。轻修剪可以把茶蚜、茶梢蛾、茶叶蝉和茶橙瘿螨等栖集于茶冠表层的害虫剪去,每年可在早春惊蛰前后进行。深修剪和重修剪要根据实际情况而定,对茶毛虫、茶尺蠖及长白蚧、龟蜡蚧等危害严重茶园,要及时采取深剪和重剪,甚至进行台刈彻底防治,剪下的枝条及时清出茶园,并集中销毁。

(3)施肥、深耕相结合。每年9—10月在茶行间深耕30厘米,根系培土5～7厘米,可将表土和落叶层中越冬害虫、病原菌深埋入土而杀死,还能把深土层中的越冬害虫暴露于土表而冻死。同时,施用经过充分熟化的有机肥,可增强树势,提高植株抗逆性。

(4)及时适时采摘。在生产季节,指导茶农及时适时采摘茶叶嫩梢,恶化害虫营养条件,减少虫害取食,以减轻假眼小绿叶蝉、茶叶螨类等发生的危害。

(5)抗旱保湿、中耕除草、疏枝清园等茶园管理措施,也可以减少茶园病虫害的发生。

90 什么是茶园物理防治?

物理防治是利用简单工具和各种物理因素,如光、热、电、温度、湿度和放射能、声波等防治病虫害的措施,主要是利用害虫的趋性、群集性和食性等习性,通过性信息素、光、色等诱杀或机械捕捉防治害虫。常见的物理防治有人工捕杀、灯光诱杀、色板诱杀、食饵诱杀及应用矿物油等方法。

91 如何进行茶园物理防治?

(1)人工捕杀或摘除。针对蓑蛾类、茶蚕、茶毛虫等群集性害虫,可用人工摘除蓑囊、虫枝。利用茶丽纹象甲的假死习性,可在早晚用棍棒震落后集中消灭。对地衣、苔藓、蜡蚧可用竹刀刮除等方法。

(2)灯光诱杀。利用害虫的趋光性对设置诱虫灯诱杀害虫。生产上常用的有频振式杀虫灯和风吸式杀虫灯。开灯时间掌握在主要害虫的成虫羽化高峰期,每公顷设置1盏杀虫灯。

(3)色板诱杀。利用害虫对不同颜色的趋性,在田间设置有色粘板进行诱杀,黄板(图22)主要用于诱杀黑刺粉虱、茶蚜、斑潜蝇类成虫等,蓝板主要用于诱杀茶蓟马。色板与信息素组合成色板诱捕器能增加防治效果。

(4)性信息素诱杀。利用害虫异性间的诱惑力来诱杀和干扰昆虫的正常行为,从而达到减少害虫危害的目的。目前,生产上应用人工合成的茶毛虫、茶尺蠖、斜纹夜蛾等性诱剂,可以用来诱杀相应雄虫,也可用于预测预报。

(5)食饵诱杀。利用害虫的趋化性,用食物制作毒饵诱杀害虫。常用糖(45%)、醋(45%)和黄酒(10%)按比例制成糖醋液,将糖醋液熬好后涂在盆钵壁上,放在略高出茶蓬的位置,引诱卷叶蛾、小地老虎等成虫。

(6)应用矿物油。在茶树上喷洒矿物油,起到封闭害虫气门,驱避产卵、取食、交尾的作用。

图22　茶园黄板

 92　什么是茶园生物防治？

　　生物防治就是利用鸟类、昆虫、病原微生物或其他天敌来控制、压低和消灭病虫害的方法。它利用了生物物种间的相互关系，以一种或一类生物抑制另一种或另一类生物，是降低有害生物种群密度的一种方法。它的最大优点是不污染环境，是农药等非生物防治病虫害方法所不能比的。生物防治的方法有很多，对虫害的防治大致可以分为以虫治虫、以鸟治虫和以菌治虫三大类。

　　生物防治是茶树病虫害防治的重要组成部分，由于鸟类、昆虫、微生物等害虫天敌本身也是一种生物，其防治效果受环境的影响较大，具有见效慢、专化性强等特点，故在生产实践中，通常与其他防治措施配合使用。

 93　如何进行茶园生物防治？

　　(1)保护和利用自然天敌。每种害虫都有一种或几种天敌，能有效地抑制害虫的大量繁殖。为了保护自然天敌，可在茶园周围种植杉、棕等防护林和行道树，也可采用茶林间作、茶果间作，幼龄茶园间作绿肥，夏、冬季节茶树行间铺草，均可给草蛉(图23)、瓢虫和寄生蜂等天敌昆虫创造良好的栖息、繁殖场所。茶园耕作、修剪等人为干扰较大的农事活动时，给天敌一个缓冲带，减少天敌的伤害，可将茶园修剪、台刈下的茶树枝叶，先集中堆放在茶园附近，让天敌飞回茶园后再处理。

　　(2)释放或转移天敌。可以从天敌密度大的茶园，成对地移放到天敌少、寄主多的茶园中去扩大繁殖，也可人为释放寄生蜂、苏云金芽孢杆菌、昆虫病毒等天敌生物。捕食螨、寄生蜂等天敌经室内人工大量饲养后释放到田间，可控制相应的害虫(螨)。捕食螨如德氏钝绥螨可防治茶跗线螨，胡瓜钝绥螨可防治茶橙瘿螨。寄生蜂如赤眼蜂可用于防治茶小卷叶蛾，绒茧蜂、蜘蛛可用于防治茶尺蠖和茶叶螨等病虫害。

（3）真菌治虫。白僵菌、韦伯座孢菌对鳞翅目、鞘翅目害虫有一定的防治效果。如使用球孢白僵菌 871 粉虱真菌剂防治黑刺粉虱、小绿叶蝉茶丽纹象甲，在气温 18 ～ 28℃及雨后喷施，药后 7 天害虫开始死亡。

（4）细菌治虫。苏云金杆菌类对茶蚕、尺蠖、刺蛾、毛虫等鳞翅目食叶幼虫具有良好防效。Bt 菌在阴天施用，喷药时将

图 23　茶园草蛉

害虫的取食部位喷湿，一般 3 天后幼虫开始死亡，7 ～ 10 天可达最高防效。

（5）病毒治虫。茶树害虫病毒具有保存时间长，有效用量低，防效高，专一性强，不伤害天敌的特点，具有扩散作用和传代作用，对茶园生态系统无副作用。生产上多用茶尺蠖、茶毛虫核多角型病毒。田间应用时应选择阴天喷湿，防治时间应选择密度小、发生整齐的第一代防治，每年喷施 1 次即可。

94　茶园害虫天敌有哪些？

茶园害虫天敌，多达 300 余种，包括多种捕食性和寄生性昆虫、瓢虫（图 24）、蜘蛛（图 25）、捕食螨和食虫鸟类，以及多种昆虫病毒、白僵菌、虫草和蚜霉等。在茶园自然天敌种群中，蜘蛛为最大种群，占整个天敌种群量的 80% ～ 90%。茶尺蠖绒茧蜂对茶尺蠖、赤眼蜂对茶毛虫的卵、蚜茧蜂对茶蚜、迷宫漏斗蛛对茶小绿叶蝉等都具有很好的控制作用。这些害虫天敌通过自身特性控制茶园害虫的生长，保护茶园，保证茶叶质量。

图 24　茶园瓢虫

图 25　茶园蜘蛛

95 如何保护与利用茶园害虫天敌？

（1）建立良好的生态环境。可在茶园周围种植杉、棕等防护林和行道树，也可采用茶林间作、茶果间作，幼龄茶园间作绿肥，夏、冬季节茶树行间铺草，均可给天敌创造良好的栖息、繁殖场所。茶园耕作、修剪等人为干扰较大的农事活动时，给天敌一个缓冲带，减少对天敌的伤害，可将茶园修剪、台刈下的茶树枝叶，先集中堆放在茶园附近，让天敌飞回茶园后再处理。

（2）建立营养补充基地。为了延长天敌昆虫成虫的寿命和增加产卵量，可在茶园周围种植一些不同时期开花的蜜源植物，如桂花、蔷薇等，作为天敌昆虫的补充营养基地，同时也可以美化茶园环境。

（3）释放或转移天敌。茶园中，害虫和天敌常伴随而生，特别是寄生性、捕食性的天敌昆虫更是如此。可以从天敌密度大的茶园，成对地移放到天敌少、寄主多的茶园中去扩大繁殖，也可人为释放寄生蜂、苏云金杆菌、昆虫病毒等天敌生物。

（4）合理使用农药。选择对害虫高效而对天敌无害或杀伤力小的农药，尽量选择对天敌影响最小的时期施药，通常寄生性天敌的隐蔽期，捕食性天敌昆虫的卵期和蛹期，农药对天敌昆虫的影响较小。

（5）加强虫情预报，适当放宽防治指标。如绒茧蜂在春茶期间发生量大，对茶尺蠖幼虫寄生率高，因此，在制订春茶化学防治计划时，预先检查天敌幼虫的寄生率，如寄生率高可不要喷药防治。

96 矿物源农药有哪些？

矿物源农药是指有效成分来源于矿物体的无机化合物和石油类农药。主要有硫黄产品，其次有矿物油乳油。目前，茶园中常用的矿物源农药有防治茶橙瘿螨的矿物油和秋冬季节封园使用的石硫合剂。

97 茶园中如何使用矿物源农药？

矿物油通过油膜覆盖、封闭害虫气孔，隔离阻碍病菌孢子入侵与传播，从而杀死害虫、预防病虫害，还能快速清除茶树叶面煤病，改善光合作用。由于矿物油是通过物理机制作用，因此防治效果与喷雾的覆盖度呈正相关。茶橙瘿螨发生期前使用矿物油的 150 ～ 250 倍稀释液均匀喷雾。石硫合剂不宜在生产期间使用，可在秋冬季封园时按 150 倍喷雾。

98 植物源农药有哪些？

植物源农药指利用植物资源开发的农药，包括从植物中提取的活性成分、植物本身和按活性结构合成的化合物及衍生物。从植物源农药的作用方式来看，一般对害虫是胃毒作用或特异性作用，少为触杀作用，因此对天敌等非靶标生物是相对安全的。植物源农药的类别有植物毒素、植物内源激素、植物源昆虫激素、拒食剂、引诱剂、驱避剂、绝育剂、增效剂、植物防卫素、异株克生物质等。

 99 茶园中如何使用植物源农药？

（1）防治茶尺蠖的苦参碱、蛇床子素、苦皮藤素，以3龄前幼虫期为防治适期，成龄投产茶园虫口数达到每667平方米7头开始防治；防治茶毛虫的苦参碱、印楝素，以3龄前幼虫期为防治适期，百虫卵块5个以上开始防治。

（2）防治茶小绿叶蝉的印楝素、苦参·藜芦碱、茶皂素，以入峰后若虫占总虫量的80%以上为防治适期，第一峰百叶虫量6头、第二峰虫量12头为防治指标。

（3）防治茶橙瘿螨、茶黄螨的藜芦碱，以发生高峰期前为防治适期，每平方厘米叶面积有螨3～4头开始防治。植物源农药速效性差，一般是调节有害生物种群的形成和发展，并不直接杀死害物，不能起到立竿见影的效果，在有害生物综合治理中应将其当作一种协调的手段，而不能作为一种应急的主要措施。

 100 什么是微生物源农药？

微生物源农药是指由细菌、真菌、放线菌、病毒等微生物及其代谢产物加工制成的农药，包括农用抗生素和活体微生物农药。微生物源农药具有选择性强，对人、畜、农作物和自然环境安全，不伤害天敌，不易产生抗性等特点。微生物源农药包括细菌、真菌、病毒或其代谢物，例如苏云金杆菌、白僵菌、核多角体病毒、井冈霉素、C型肉毒梭菌外毒素等。

利用微生物或其代谢产物来防治危害农作物的病、虫、草、鼠害及促进作物生长，具体包括以菌治虫、以菌治菌、以菌除草等。如防治茶饼病的多抗霉素、防治茶尺蠖的茶核·苏云菌、防治茶毛虫的苏云金杆菌、防治茶小绿叶蝉的球孢白僵菌。

 101 茶园中如何使用微生物源农药？

（1）避免温度过低。只有在较高的气温环境中，微生物源农药的生物活性才得以有效激发。研究表明，温度达到25～30℃之间时，喷施微生物源农药的防治效果比在10～15℃之间的要高出1～2倍。因此，施用微生物源农药时，应避开严冬、早春等寒冷的天气条件。

（2）避免在干燥的环境下施用。微生物源农药只有在适宜的湿度条件下才能萌发孢子，并在虫体内繁殖，使害虫缓慢死亡。因此，最好选择在阴天、雨后或早晨等湿度大的环境中施用，避免在晴天10时到16时前等高温干燥的条件下施用。

（3）避免日晒雨淋。要根据天气预报确定施用时间，太阳光中的紫外线对微生物活体农药有致命的杀伤作用，而且紫外线的辐射对伴孢晶体会产生变形降效作用。因此，要避开高温、强太阳光的中午，选择在 16 时后或者阴天使用。另外，喷药后还要避免遭到大雨冲刷，以免影响药效发挥。

（4）避免与其他杀菌剂混用。微生物源农药作为一种活体真菌杀虫剂，若与其他杀虫剂混用，易被杀菌剂致死，从而失去药效。例如，块状耳霉菌的药效是通过活孢子作用来实现的，混施后活孢子会侵染蚜虫并致死，还会因传染而引起群体大量死亡。

 如何科学使用化学农药？

（1）合理选择农药种类。农药的作用方式有触杀、胃毒、内吸、熏蒸等，咀嚼式口器的害虫应选用有触杀、胃毒作用的农药，而刺吸式口器的害虫应选用有触杀、内吸作用的农药，仓库害虫应选用有强熏蒸作用的农药。

（2）掌握施药适期。"适期"是指害虫对农药最敏感的发育阶段，一般是害虫在幼龄期和杂草苗期。确定施药适期是提高防治效果、减少农药用量、降低周年喷药次数和防治费用的关键。

（3）严格按照防治指标施药。当有害生物的数量接近于经济受害水平时，才采取化学防治手段进行控制。要力求做到能挑治的不普治，能兼治的不专治，以减少施药的面积和施药次数。这样可节省农药，降低成本，减轻农药对环境和农产品的污染。同时，可扩大天敌的保护面，减少对天敌的杀伤作用。

（4）合理地混用农药。目前有两种混配方法，一是把两种或两种以上的农药原药混配加工，制成复配制剂，由农药企业实行商品化生产，投放市场；二是现场混配使用。

（5）轮换用药。对一种有害生物长期反复使用一种农药，易形成有显著抗性的个体和种群，防治效果大幅度下降。克服和延缓抗药性的有效办法之一，是轮换交替施用农药。

（6）良好的喷药技术。要均匀喷雾，并且要使药物尽可能多地喷洒到靶标上，才能达到经济有效地防治病虫害的目的，采用细喷雾具有喷洒均匀、节省用药、用水的优点。

（7）遵守安全间隔期。最后一次用药时间与采摘时间必须大于安全间隔期。

 茶尺蠖的危害症状是什么？

幼虫咬食叶片成弧形缺刻（图 26），严重发生的叶片全部被吃光（图 27），仅留秃枝，致树势衰弱，耐寒力差，易受冻害。1 龄幼虫取食嫩叶叶肉，留下表皮，被害叶呈现褐色点状凹斑;2龄幼虫能穿孔,或自叶缘咬食形成缺刻;3龄前幼虫在茶园中有明显的发虫中心,3龄起则能全叶取食,3龄后食量猛增,以末龄食量最大。严重时,老叶、嫩茎被幼虫咬食殆尽,茶丛变为光秆,状如火烧,不仅影响当季产量,并致使树势衰退,对茶叶生产影响极大。

图26　茶尺蠖危害初期

图27　茶尺蠖暴发期

 104 **茶尺蠖的发生特点是什么?**

茶尺蠖在湖北、浙江、安徽、江苏等地1年发生5～6代,以蛹在树冠下表土内越冬。翌年2月下旬至3月上、中旬成虫羽化产卵,4月初第1代幼虫始发,危害春茶。浙江杭州1～6代幼虫发生期分别为4月上旬至5月上旬、5月下旬至6月上旬、6月下旬至7月下旬、7月下旬至8月下旬、8月下旬至9月下旬、9月中旬至11月上旬,第2代后世代重叠,全年主害代为第4代。7—9月夏秋茶期间受害重。幼虫清晨、黄昏取食最盛。

 105 **茶尺蠖如何防治?**

(1)物理防治。在茶尺蠖越冬期间,结合秋冬季深耕施基肥,清除树冠下表土中的虫蛹;利用成虫趋光性,用频振式杀虫灯在发蛾期诱杀成虫。

(2)人工捕杀。根据幼虫受惊后吐丝下垂的习性,放鸡吃虫或人工捕杀。

(3)生物防治。对1、2、5、6代茶尺蠖,提倡施用茶尺蠖核型多角体病毒,在1～2龄幼虫期,每667平方米喷施核型多角体病毒150亿～300亿个核型多角体病毒或苏云金杆菌制剂1亿个孢子。

(4)化学防治。该虫1、2代发生较整齐,因此要认真做好防治工作,在此基础上重视7、8月防治。在幼虫3龄前施用2.5%鱼藤酮300～500倍稀释液、0.36%苦参碱水分散粒剂 1 000 ~ 1 500 倍稀释液、苏云金芽孢杆菌(Bt)制剂 300 ~ 500 倍稀释液。该虫喜在清晨和傍晚取食,在 4—9 时及 15—20 时篷面扫喷药剂效果好。

 茶毛虫的危害症状是什么?

　　茶毛虫是茶树重要的食叶类害虫之一,以幼虫取食茶树成叶为主,影响茶树的生长和茶叶产量。该虫主要以幼虫取食茶树叶片,使叶片残缺不全,甚至咬食殆尽,仅留秃枝。群集性强,1、2 龄幼虫常百余头群集在茶树中下部叶背,取食下表皮及叶肉,被害叶呈现半透明网膜斑;3 龄幼虫常从叶缘开始取食,造成缺刻;4 龄后进入暴食期,取食后仅留主脉及叶柄可将茶丛叶片食尽,严重影响茶叶产量和品质。(图 28、图 29)

图 28　茶毛虫 1 龄幼虫

图 29　茶毛虫形态

 茶毛虫的发生特点是什么?

　　(1)茶毛虫一般以卵块在茶树中、下部叶背越冬,少数以蛹及幼虫越冬,1 年发生 2 ~ 3 代。卵块产于茶树中、下部叶背,上覆黄色绒毛。幼虫群集性强,在茶树上具有明显的侧向分布习性。

　　(2)1、2 龄幼虫常百余头群集在茶树中、下部叶背,取食下表皮及叶肉,留下表皮呈现半透明膜斑;蜕皮前群迁到茶树下部末被害叶背,聚集在一起,头向内围成圆形或椭圆形虫群,不食不动,蜕皮后继续危害。3 龄幼虫常从叶缘开始取食,造成缺刻,并开始分群向茶行两侧迁移;4 龄起进入暴食期,可将茶丛叶片食尽。

　　(3)幼虫老熟后爬到茶丛基部枝丫间、落叶下或土隙间结茧化蛹。影响茶毛虫种群消长的主导因子主要是气候条件和天敌数量,其中茶毛虫黑卵蜂、细菌性软化病及核型多角体病毒是主要的天敌。

108 茶毛虫如何防治?

(1)摘除卵块和虫群。在 11 月至翌年 3 月间人工摘除越冬卵块,同时利用该虫群集性强的特点,结合田间操作摘除虫群。

(2)灯光诱杀。在成虫羽化期安装杀虫灯诱蛾,减轻田间虫口数量。

(3)性诱剂诱杀。在成虫发生期,茶园内投放茶毛虫性诱剂,诱杀其雄虫。

(4)药剂防治。掌握在低龄幼虫期前喷药,药剂可选用茶毛虫核型多角体病毒、0.6%苦参碱水剂 800 ～ 1 000 倍稀释液、10%联苯菊酯水乳剂 3 000 倍稀释液或 2.5%溴氰菊酯乳油 2 000 ～ 3 000 倍稀释液等。

109 假眼小绿叶蝉的危害症状是什么?

假眼小绿叶蝉以若虫(图30)和成虫(图31)刺吸茶树嫩茎、嫩叶的汁液进行危害,与小绿叶蝉混杂发生,在中国各茶区发生普遍。茶树受害后,其发展过程分为失水期、红脉期、焦边期、枯焦期。受害轻者,芽叶失绿、老化,加工过程中碎末茶增加,成品率降低,易断碎,易产生烟焦味,对茶叶品质亦有严重影响;受害重者,顶部芽叶呈枯焦状,茶芽不发,无茶可采。

图 30　假眼小绿叶蝉 2 龄若虫

图 31　假眼小绿叶蝉成虫

110 假眼小绿叶蝉的发生特点是什么?

假眼小绿叶蝉在长江流域 1 年发生 9 ～ 11 代,以成虫在茶树上越冬。广东、云南无明显越冬现象,冬季也可见到卵和若虫。长江流域茶区越冬成虫在 3 月中下旬气温 10℃以上时开始活动,3 月下旬产卵,第 1 代若虫于 4 月上中旬出现后,隔 15 ～ 30 天发生 1 代,世代重叠。卵散产于嫩茎皮层内,每年出现两个高峰,第一高峰在 5 月下旬至 7 月上旬,以 6 月虫量最为集中,夏茶受害重;第二高峰在 8 月中下旬至 11 月上旬,以 9—10 月间虫量较多,危害秋茶。高山茶区只有 1 个危害高峰,在 7—9 月。留养茶园、幼龄茶园及管理较差的茶园发生严重。

 假眼小绿叶蝉如何防治?

(1)物理防治。在成虫期可用黄板诱杀;茶园内不间作豆类作物,及时铲除杂草。及时分批勤采,必要时适当强采,可随芽叶带走大量的虫卵和低龄若虫,降低虫口密度的同时恶化食源,控制种群密度。

(2)生物防治。在湿度高的地区或季节,提倡喷洒每毫升含 800 万孢子的白僵菌稀释液。

(3)化学防治。发生严重的茶园,越冬虫口基数大,应在 11 月下旬至翌年 3 月中旬喷洒 24% 溴虫腈悬浮剂 1 500 ～ 1 800 倍稀释液,以消灭越冬虫源。春茶结束后第一个高峰到来前每百叶有虫 20 ～ 25 头时,或第二峰前百叶虫量超过 12 头时,及时喷洒 15% 茚虫威乳油 2 500 ～ 3 500 倍稀释液、24% 溴虫腈悬浮剂 1 500 ～ 1 800 倍稀释液、22% 噻虫嗪·高效氯氟氰菊酯 4 500 倍稀释液、10% 氯氰菊酯乳油 3 000 倍稀释液、10% 联苯菊酯乳油 3 000 ～ 5 000 倍稀释液。

 茶小卷叶蛾的危害症状是什么?

褐带长卷叶蛾、后黄卷叶蛾等,是茶树的食叶类害虫之一,主要分布于广东、广西、云南等省。以幼虫(图32)吐丝卷结嫩叶成苞状,匿居苞中咬食叶肉(图33),阻碍茶树生长,影响茶叶产量与品质。

图 32　茶小卷叶蛾幼虫　　　　　图 33　茶小卷叶蛾危害症状

茶小卷叶蛾的发生特点是什么?

茶卷叶蛾以老熟幼虫在卷叶苞内越冬,1 年发生 4 ～ 6 代。翌年 4 月上旬开始化蛹羽化。成虫夜晚活动,趋光性较强。卵产于成、老叶正面。初孵幼虫活泼,吐丝或爬行分散,在芽梢上卷缀嫩叶藏身,取食叶肉。随虫龄增大逐渐增加食叶量,虫苞卷叶数可多达 10 叶。幼虫老熟后,即留在卷叶苞内化蛹。影响茶卷叶蛾种群消长的天敌因子有赤眼蜂、卷蛾茧蜂、真菌、病毒等,其中以卷蛾茧蜂尤为重要。

114 茶小卷叶蛾如何防治?

(1)及时采摘。由于茶小卷叶蛾的幼虫大多数栖息在篷面嫩芽叶上,控制在 1 龄幼虫发生盛期,清除虫苞,适时分批采摘,压低虫口。

(2)诱杀成虫。利用成虫的趋光性,点灯诱杀成虫;利用成虫喜嗜糖醋味进行诱杀。

(3)生物防治。用白僵菌、颗粒体病毒防治茶小卷叶蛾。白僵菌每 667 平方米用含孢子量每克 100 亿的菌粉 0.5 千克,加水稀释后喷雾,防治适期掌握在 1、2 龄幼虫期,蚕区禁止使用;颗粒体病毒可用制剂每 667 平方米 200 毫克或感染病毒后的虫尸 200 头研细后加水喷雾,防治适期掌握在卵盛孵末期。

(4)药剂防治。防治适期掌握在 1、2 龄幼虫盛发期,药剂选用 10% 联苯菊酯水乳剂 3 000 倍稀释液、4.5% 高效氯氟氰菊酯乳油 2 000 倍稀释液和 0.6% 苦参碱水剂 800 ～ 1 000 倍稀释液等。

115 茶刺蛾的危害症状是什么?

茶刺蛾类(图 34、图 35)是我国茶园的一种重要害虫,以幼虫取食成叶危害茶树,影响茶树的生长和茶叶产量。1、2 龄幼虫大多在茶丛中下部老叶背面取食表皮及叶肉;3 龄后逐渐向茶丛中上部转移,食成不规则的孔洞;4 龄起可食其全叶,但一般食去叶片的 2/3 后,即转另叶取食,大发生时则仅留叶柄,茶树光秃一片。

图 34　茶刺蛾幼虫

图 35　茶刺蛾成虫

116 茶刺蛾的发生特点是什么?

(1)茶刺蛾以老熟幼虫在茶树根际落叶和表土中结茧越冬,1 年发生 3 ～ 4 代,成虫主要栖息在茶丛下部叶片背面,有较强的趋光性。卵散产于茶丛中、下部叶片反面叶缘处。

(2)1、2龄幼虫活动性弱,一般停留在卵壳附近取食茶树叶片下表皮及叶肉,残留上表皮,被害叶呈现嫩黄色、渐转枯焦状的半透明斑块;3龄后取食叶片成缺口,并逐渐向茶丛中、上部转移,夜间及清晨爬至叶面活动;4龄起可食尽全叶,但一般取食叶片的2/3后,即转取食其他叶片。

(3)幼虫老熟时转移到茶丛枯枝落叶或浅土间结茧化蛹。茶刺蛾危害一般以第2、第3代较重,气候条件及天敌因子对茶刺蛾种群的消长有较大的影响,其中以茶刺蛾核型多角体病毒的制约作用强。

 茶刺蛾如何防治?

(1)清园灭茧。在茶树越冬期,结合施肥和翻耕,清除或深埋蛹茧,减少翌年害虫的发生量。

(2)灯光诱杀。利用茶刺蛾成虫的趋光性,安装杀虫灯诱杀成虫。

(3)利用天敌。茶刺蛾的天敌中,茶刺蛾核型多角体病毒的制约作用尤为明显。此外,茶刺蛾幼虫期及勇气还有多种寄生蜂及寄蝇。

(4)药剂防治。应掌握在2、3龄幼虫发生期喷施,药剂可选用8 000 IU/毫克苏云金芽孢杆菌可湿性粉剂800～1 000倍稀释液、2.5%高效氯氟氰菊酯乳油2 000～3 000倍稀释液和0.6%苦参碱水剂800～1 000倍稀释液等。

 茶蚜的危害症状是什么?

茶蚜(图36)俗称蜜虫、油虫,在我国主要茶区均有分布。以若蚜和成蚜聚集在新梢嫩叶背及嫩茎上刺吸汁液危害茶树(图37)。受害芽叶萎缩、伸展停滞,其排泄的蜜露可招致病菌寄生,被害芽叶制成干茶色暗汤混浊,带腥味,影响茶叶产量和品质。

图36　有翅蚜

图37　茶蚜危害症状

119 茶蚜的发生特点是什么？

茶蚜一般以卵在茶树叶背越冬，在南方有时无明显的越冬现象，1 年发生 25 代以上。茶蚜一般行孤雌生殖，繁殖速率快，趋嫩性强，常聚集于新梢叶背和嫩茎上刺吸汁液，以芽下第 1、第 2 叶上的虫量最大。随着气温下降，以卵越冬的种群出现两性蚜，交配后产卵越冬。茶蚜除直接吸取汁液危害茶树外，还可分泌蜜露引发煤病，影响茶树叶片的光合作用。瓢虫、草蛉、食蚜蝇和蚜茧蜂等天敌对茶蚜种群有抑制作用。

120 茶蚜如何防治？

（1）分批采摘。及时分批采摘可带走嫩叶上的蚜群，同时又恶化了茶蚜的食料条件，有利于减轻茶蚜对茶叶的危害。

（2）色板诱杀。茶蚜对色泽有趋性，田间放置黄色粘虫板，可诱杀有翅成蚜。

（3）保护天敌。茶蚜的天敌资源十分丰富，主要有瓢虫、草蛉、食蚜蝇等捕食性天敌和蚜茧蜂等寄生性天敌，保护茶园生态环境增加天敌数量，可对茶蚜种群的消长起到明显的抑制作用。

（4）药剂防治。部分茶蚜发生较重的茶园宜进行防治，药剂可选用 25% 吡虫啉可湿性粉剂 2 000 倍稀释液、10% 联苯菊酯水乳剂 3 000 倍稀释液和 0.6% 苦参碱水剂 1 000 倍稀释液等。

121 茶丽纹象甲的危害症状是什么？

茶丽纹象甲是我国茶区夏茶期间的一种重要害虫，以成虫(图 38)取食茶树嫩叶。被害叶呈现不规则形的缺刻，影响茶叶的产量和品质(图 39)。

图 38　茶丽纹象甲成虫

图 39　茶丽纹象甲危害症状

122 茶丽纹象甲的发生特点是什么？

茶丽纹象甲以幼虫在茶园土壤中越冬，1年发生1代。初羽化出的成虫乳白色，在土中潜伏待体色由乳白色变成黄绿色后才出土。成虫具假死习性，受惊后即坠落地面。成虫产卵盛期在6月下旬至7月上旬，卵分批散产在茶树根际附近的落叶或表土上。幼虫孵化后在表土中活动取食茶树及杂草根系，直至化蛹前再逐渐向土表转移。茶丽纹象甲以成虫取食茶树嫩叶，被害叶呈现不规则的缺刻。茶园耕作、气候条件及天敌种群对茶丽纹象甲的发生有一定的影响。

123 茶丽纹象甲如何防治？

（1）茶园耕作。在7—8月间进行茶园耕锄、浅翻及秋末施基肥、深翻，可明显影响初孵幼虫的入土及此后幼虫的存活。

（2）人工捕杀。利用成虫的假死性，在成虫发生高峰期用振落法捕杀成虫。

（3）药剂防治。施药适期应掌握在成虫出土盛末期，药剂可选用10%联苯菊酯水乳剂1 000～2 000倍稀释液、98%杀螟丹可溶性粉剂1 000～1 500倍稀释液等。

124 黑刺粉虱的危害症状是什么？

黑刺粉虱（图40）主要以幼虫在叶背吸取汁液进行危害，其分泌物常诱发煤病，局部茶区发生严重时，茶园呈一片黑色，新抽出的芽叶瘦小，甚至茶芽不发，严重影响茶叶产量（图41）。

图40　黑刺粉虱成虫

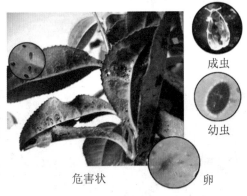

图41　黑刺粉虱危害症状

125 黑刺粉虱的发生特点是什么？

浙江、福建、江苏、安徽、湖北等省1年发生4代，以老熟幼虫在茶树叶背越冬，翌年3月化蛹，4月中旬成虫羽化，卵产在叶背面。杭州1～4代幼虫的发生盛期分别在 4 月中旬至 6 月下旬、6 月上旬至 8 月上旬、8 月下旬至 10 月上旬、10 月中旬至越冬。黑翅粉虱喜郁蔽的生态环境,在茶丛中下部叶片较多的老龄茶园中易发生,在茶丛中的虫口分布以中下部居多。

 黑刺粉虱如何防治?

(1)物理防治。在成虫期可用黄板诱杀,每 667 平方米 20～25 块。

(2)田园管理。适时修剪、疏枝、中耕除草,增强树势,增进通风透光,抑制虫口数量增加。

(3)生物防治。天敌韦伯虫座孢菌对黑刺粉虱幼虫有较强的致病性,使用浓度每毫升含孢子量 2 亿～3 亿个,防治应在 1、2 龄幼虫期。

(4)化学防治。防治适期为卵孵化盛末期,喷 10%联苯菊酯 5 000 倍稀释液、15%茚虫威乳油 2 500～3 500 倍稀释液或 24%溴虫腈悬浮剂 1 500～1 800 倍稀释液。防治成虫以低容量篷面扫喷为宜,幼虫期提倡侧位喷药,药液重点喷至茶树中、下部叶背。

 茶橙瘿螨的危害症状是什么?

茶橙瘿螨(图 42)以幼、若螨和成螨刺吸茶树嫩叶和成叶的汁液进行危害。受害叶片失去光泽,叶色变浅,叶正面主脉发红,叶背面出现褐色锈斑,芽叶萎缩、僵化(图 43)。受害轻时,茶叶产量品质下降;受害重时,茶芽不发,无茶可采。

图 42 茶橙瘿螨形态

图 43 茶橙瘿螨危害症状

 茶橙瘿螨的发生特点是什么?

茶橙瘿螨在全国各茶区发生普遍,浙江 1 年发生 25 代,从卵、幼螨、若螨和成螨等各种螨态在茶树叶背越冬,世代重叠严重。浙江全年有 2 次明显的发生高峰,第一次在 5—6 月,第二次一般在 7 月中旬至 9 月。全年以夏、秋茶期危害最重。

129 茶橙瘿螨如何防治?

（1）农业防治。选用抗病品种，加强茶园管理，及时分批采摘，清除杂草和落叶，减少其回迁侵害茶树。茶季叶面施肥，氮、磷、钾混喷，抑制螨口发生，旱期应喷灌。

（2）生物防治。保护利用自然天敌，主要是田间食螨瓢虫和捕食螨；用韶关霉素乳油400倍稀释液喷洒。

（3）化学防治。秋茶采后每667平方米茶园用45%石硫合剂晶体250～300倍稀释液喷雾清园。加强调查，掌握在害螨点片发生阶段或发生高峰出现前及时喷药防治。可用24%溴虫腈悬浮剂1 500～2 000倍稀释液、57%克螨特乳油1 500～2 000倍稀释液喷雾。注意农药的轮用与混用。

130 茶饼病的危害症状是什么?

茶饼病（图44）主要危害嫩叶和嫩梢，病斑初为淡黄色半透明小点，后渐扩大为表面平滑且有光泽的病斑，直径为2～10毫米，并向下凹陷，同时叶背病斑处突起呈饼状，产生灰白色的粉状物。病健部分分界明显，最后病斑变为暗褐色或紫红色溃疡状，甚至形成孔洞，叶渐枯萎凋落（图45）。

图44　茶饼病

图45　茶饼病危害症状

131 茶饼病的发生特点是什么?

茶饼病是一种低温高湿病害，由真菌侵染引起，对高温、干燥和强烈光照敏感，因此该病的分布有区域性，当气温在16～20℃范围内，湿度在85%以上，阴雨多湿的条件下最利于病害发生。夏季病菌在荫蔽的茶树上越夏。高山、谷地及过度遮阴茶园，由于雾多、日照少、湿度大，发病重。偏施氮肥，杂草丛生，采摘、修剪和遮阴等措施不合理的茶园发生也较多。

132 茶饼病如何防治？

（1）适当修剪，对受害较严重的茶树修剪掉病枝叶，并集中烧毁处理。

（2）生产茶园发病初期喷用 70％甲基硫菌灵 1 000～1 500 倍稀释液，连喷 2～3 次，或每季采茶后喷施波尔多液，喷后 20 天可采摘。

（3）加强茶园管理，开沟排渍，保持茶园通风，清除杂草、枯枝，适当增施磷、钾肥，增强树势，提高茶树抗病力。

133 茶炭疽病的危害症状是什么？

茶炭疽病发病时，成叶和老叶边缘或叶尖产生病斑（图 46、图 47），初为暗绿色水渍状，后沿叶脉扩大成不规则性病斑，黄褐色，最后变为灰白色的不规则形大型斑块，其上散生黑色细小粒点，病健部分分界明显。病斑上无轮纹。发病严重的茶园，可引起大量落叶。

图 46　茶炭疽病叶片背面症状

图 47　茶炭疽病叶片正面症状

134 茶炭疽病的发生特点是什么？

茶炭疽病病菌以菌丝体和分生孢子盘在病叶中越冬，翌年当气温升至 20℃、相对湿度 80％以上时形成孢子，借风雨传播蔓延。温度 25～27℃，高湿条件下最有利于发病。全年以梅雨季节和秋雨季节发生最重。树势衰弱及管理粗放的茶园，采摘过度、遭受冻害的茶园，均易发病。一般大叶品种抗病力强，偏施氮肥的茶园发病也重。

135 茶炭疽病如何防治？

（1）选用抗病品种。不同茶树品种对炭疽病的抗病性有着明显的差异，一般大叶种表现为抗病性较强，龙井 43 等品种易受感染。

（2）加强茶园管理。增施磷、钾肥和有机肥，避免偏施氮肥；注意茶园清沟排水，提高茶树抗病力。

（3）药剂防治。在新梢 1 芽 1 叶期喷药防治，药剂可选 70％甲基硫菌灵可湿性粉剂 1 000～1 500 倍稀释液、75％百菌清可湿性粉剂 800 倍液、10％多抗霉素可湿性粉剂 1 000 倍稀释液喷雾。

136 茶煤病的危害症状是什么？

（1）茶煤病主要危害叶片（图48），在病枝叶上覆盖一层黑霉。发生严重时，茶园呈现一片乌黑。茶煤病的发生常使得茶树进行光合作用的面积减少，引起茶树树势衰老，芽叶生长受阻，影响产量。

（2）茶煤病（图49）发生在茶树枝叶上，以叶片为主。初期症状在叶片正面产生黑色圆形或不整形的小斑，病斑逐渐扩大，严重时可以覆盖整个叶面。有的种类叶面上的黑色霉层可以剥除或抹去。煤病一般局限于茶丛中下部，严重时可由中下部向树冠表面蔓延。煤病常常是由于蚧、粉虱和蚜虫等害虫危害而引起的。

图 48　茶煤病危害症状

图 49　茶煤病图谱

137 茶煤病的发生特点是什么？

茶煤病是由真菌引起的一种病害。其病原菌是一个庞大的类群，已报道的茶煤病病原菌有 23 种，主要属于子囊菌亚门和半知菌亚门两个类群。可分为寄生性和腐生性两类。寄生性煤病菌的寄主范围较狭窄，病菌侵入茶树叶片和枝梗组织，直接从茶树中获得营养。腐生性煤病菌的寄主范围很宽，主要从危害茶树的蚧类、粉虱、蚜虫分泌的蜜露中获得营养，并不侵入茶树组织内部，是一种附生微生物。茶园管理不良、荫蔽潮湿、蚧、粉虱往往发生严重，有利于茶煤病的发生。

138 茶煤病如何防治？

(1)加强茶园管理。适当修剪，以利于通风透光、增强树势，可减轻茶煤病的发生。

(2)治虫防病。控制粉虱、蚧类和蚜虫的危害，预防茶煤病的发生。

(3)早春或深秋茶园停采期，喷施45%晶体石硫合剂150～300倍稀释液，防治病害扩展。

139 茶网饼病的危害症状是什么？

茶网饼病(图50)主要危害成叶，嫩叶、老叶也发病。多发生在叶缘或叶尖上，初在叶片上现针尖大小的浅绿色油渍状斑点，后逐渐扩展，严重的扩展至全叶，色泽变成暗褐色，病叶增厚，有时叶片上卷，叶背面(图51)沿脉形成网状凸起，其上具白粉状物。白粉散失后变成茶褐色网状，故称网饼病。后期病斑呈紫褐色或紫黑色，造成叶片枯萎脱落。嫩茎染病，多由叶柄扩展到嫩茎上，引起枝枯。

分生孢子

分生孢子盘

症状

图50 茶网饼病图谱

图51 茶网饼病病叶背面

140 茶网饼病的发生特点是什么？

茶网病饼以菌丝体在茶树中部病叶组织中越冬。翌春条件适宜时担孢子成熟，随风雨传播侵入成叶，经10天潜育产生新病斑，湿度大时病斑上长出白色粉状子实层，着生许多担子和担孢子，借风雨传播蔓延，侵染芽下1～3片嫩叶，经30天潜育病斑出现，60～70天后长成大型网状病斑，此时嫩叶已长为成叶。均温19～25℃、叶上有露水或相对湿度100%条件下适其发生和流行，一般在5—6月及9—10月。

光照和干燥对担孢子有抑制发芽作用，因此夏季干旱炎热不利其扩展，病菌多在荫蔽处越夏。多雾的高山茶园及四周种植竹林的茶园、湿度大易发病。品种问抗病性有差异,经测定茶多酚含量低的品种较感病,茶多酚含量高的品种则表现抗病。

 茶网饼病如何防治?

(1)选用抗逆性强的品种,如苹云、槠叶齐 12 号、毛蟹等。

(2)提倡施用酵素菌沤制的堆肥或阿姆斯生物肥,采用配方施肥技术,增施磷钾肥,提高茶树抗病力。

(3)栽植密度适当,雨后及时排水,防止湿气滞留。

(4)在头茶和四茶的新叶开展期,及时喷洒 75%百菌清可湿性粉剂 900～1 000 倍稀释液,隔 7～8 天 1 次,连续防治 2～3 次。

(5)非采摘茶园喷洒 30%绿得保胶悬剂 500 倍稀释液或 0.6%～0.7%石灰半量式波尔多液、12%绿乳铜乳油 500 倍稀释液。

 茶白星病的危害症状是什么?

茶白星病(图 52)主要发生在茶树的嫩叶和新梢。发病初期,病斑呈针头大的褐色小点,以后渐渐扩大成直径 0.3～1.0 毫米的圆形病斑,最大直径可达 2 毫米。病斑边缘暗紫褐色,中央呈灰褐色至灰白色,散生黑色小粒点。病斑周围有黑色晕圈,形成鸟眼状,有时中央部龟裂形成孔洞(图 53)。发病严重时,在同一张病叶上许多病斑可相互愈合成大型病斑,引起大量落叶。

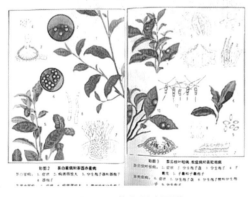

图 52　茶白星病图谱

图 53　茶白星病危害症状

143 **茶白星病的发生特点是什么?**

茶白星病是由真菌引起的病害。病菌以菌丝体或分生孢子器在病组织中越冬。翌年春季气温在 10℃以上、湿度适宜时形成孢子。孢子成熟后萌芽,从气孔或茸毛基部侵染幼嫩组织,经 1～2 天后,出现新病斑。病斑部位形成黑色小粒点,产生新的孢子,借风雨传播,进行再次侵染。茶白星病属低温高湿型病害,具有高湿、多雾、气温偏低的生态条件,有利于茶白星病的发生。一般来说海拔较高的茶园、北坡茶园、幼龄茶园等相对发病较重。

 144 茶白星病如何防治?

(1)及时分批采茶可减少侵染源,减轻发病。

(2)增施有机肥和钾肥可使树势强壮,提高抗病性。

(3)必要时再选用药剂进行防治。非采茶期可采用0.6%~0.7%石灰半量式波尔多液进行防治。

 145 茶圆赤星病的危害症状是什么?

茶圆赤星病主要危害叶片、叶柄、嫩梢等部位(图54)。叶片染病主要见于早春色叶或第一叶上,病部初生褐色小点,后扩展成灰白色中间凹陷的圆形病斑,边缘具暗褐色或紫褐色隆起线,中央红褐色,后期病斑中间散生黑色小点,湿度大时,上生灰色霉层,别于白星病。叶柄、嫩梢染病产生类似的症状。

图54 茶圆赤星病田间危害症状

 146 茶圆赤星病的发生特点是什么?

茶圆赤星病以菌丝块在病叶上越冬,翌年春季茶芽萌发,抽生新叶时,产生分生孢子,借风、雨飞溅传播,侵害早春嫩叶。凡日照短、阴湿雾大的茶园,或土层浅、茶树生长弱的茶苗,或生长过于柔嫩的茶苗都易发病。年际间发病轻重不同,品种间亦有明显的抗病性差异。

 147 茶圆赤星病如何防治?

(1)提倡施用酵素菌沤制的堆肥,加强茶园肥培管理,增强树势,提高抗病力。

（2）选栽抗病品种,逐渐淘汰感病品种。

（3）及时摘除病叶,以减少初侵染源。

 茶轮斑病的危害症状是什么?

茶轮斑病(图55、图56)主要危害成叶和老叶,也可危害嫩叶和新梢。在成叶和老叶上,病斑多自叶尖、叶缘始,呈半圆形或不规则形大斑,褐色,后转呈灰白色,其最大特点是斑面同心轮纹特别明显,斑面上的小黑点浓黑而较粗,并沿轮纹成环状排列,此有别于茶云纹叶枯病和茶炭疽病。嫩叶染病呈黑褐色焦枯状,斑上无轮纹。嫩梢染病亦变黑,由上而下枯死,扦插苗常成片死亡。

图55 茶轮斑病初期

图56 茶轮斑病中期

 茶轮斑病的发生特点是什么?

茶轮斑病以菌丝体或分生孢子盘在病组织内越冬。翌年春季在适温高湿条件下产生分生孢子从叶片伤口或表皮侵入,经7~14天,新病斑形成并产生分生孢子,随风雨溅滴传播,进行再侵染。高温、高湿有利于此病的发生。排水不良、地势低洼,以及密植、阴湿的茶园,均有利于发病。肥料缺乏、管理粗放的茶园,由于树势衰老,抗病力弱,故发病也多。

 茶轮斑病如何防治?

（1）因地制宜选用抗耐病品种。

（2）加强茶园管理。防止强采,以减少伤口,减轻发病;机采、修剪或发现害虫后应及时喷施杀菌剂和杀虫剂,预防病菌侵入。增施有机肥和复合肥,适时喷施叶面营养剂,促茶株生长壮旺,防旱防涝,增强根系活力,有助减轻发病。

 茶云纹叶枯病的危害症状是什么?

（1）叶片。成叶、老叶发病,初在叶尖和叶缘产生黄褐色、水渍状病斑,渐变为褐色、灰白相间的云纹状,最后形成半圆形、近圆形或不规则形病斑,边缘褐色,且具有不明显轮纹(图57、图58)。嫩叶、嫩芽发病后,产生褐色病斑,并逐渐扩大,直至全叶,后期叶片卷曲,组织死亡。

(2)枝干。嫩枝发病后,出现灰色斑块,渐枯死,可向下扩展至木质化的茎部。

(3)果实。果实发病,病斑初为黄褐色,最后变为灰色,其上着生黑色小粒点,有时病斑开裂。

图 57 茶云纹叶枯病前期

图 58 茶云纹叶枯病后期

152 茶云纹叶枯病的发生特点是什么?

茶云纹叶枯病病原为山茶炭疽菌,属半知菌亚门真菌。病菌以菌丝体或分生孢子盘,子囊腔在病叶或落叶组织中越冬。翌年春季产生分生孢子借风雨传播,从健叶表皮或伤口侵入,5～18天形成新病斑,以后可不断地进行再侵染。树势衰弱,园地管理粗放,采摘过度,螨类危害重,易遭冻害、日灼及台刈后茶园均易发病。

(1)气候。云纹叶枯病是一种高温、高湿的病害。

(2)土壤。黏土发病较重,土层浅的发病重。

(3)品种。根据各省情况,品种间的抗病性差异非常显著。一般大叶种比小叶种发病重,南方种比北方种发病重,持嫩性强的发病也重。

(4)栽培管理。凡茶园地下水位高、排水不良、防冻防寒差、氮肥施用不足或偏施氮肥以及中耕除草不及时等,都易诱发此病。

153 茶云纹叶枯病如何防治?

(1)因地制宜选用抗病品种。

(2)病叶落叶处理。秋茶结束后,结合冬耕将土表病叶埋入土中,同时摘除树上病叶,清除地面落叶,并及时带出园外处理,以减少翌年初侵染源。

（3）及时清除园中杂草,增施有机肥料,提高茶树抗病力。加强茶园管理,做好防冻、抗旱和治虫工作。在秋茶结束后,要进行 1 次深中耕,结合中耕将病叶埋入土壤,以减少侵染来源。

（4）园中出现发病中心时,可震动树体,大部分病叶受震后脱落,收集后集中烧毁。早春修剪茶园后,要将枯枝落叶清理出茶园,并烧毁,以压低初侵染源。

154 茶树日灼病的危害症状是什么?

茶树日灼病（图 59）表现为叶片或枝干由于局部增温迅速,超过生理极限,导致叶片或枝干组织快速脱水坏死,初为水渍状灰绿色,迅速变为黄白色、黄褐色,严重时导致整个叶片变褐枯死而脱落。枝干被日光灼伤后,表现为紫褐色条斑。在高温和阳光强烈的季节,茶树篷面上的叶片易受日光灼伤而发生病变。

图 59　茶树日灼病症状

155 茶树日灼病的发生特点是什么?

茶树日灼病是一种生理性病害,在我国各茶区均有发生。该病害发生在夏季高温时节,导致茶叶叶片快速变色、坏死和落叶,特点是发生快,一般 1～2 小时即会表现出症状。

156 茶树日灼病如何防治?

（1）及时灌水,天旱失墒时,有灌水条件的应立即灌水,增加土壤含水量,使茶树在高温时由于呼吸量加大而消耗的水分得到快速补充,减少日灼病的发生。

（2）避免在阳光特别强烈的高温干旱时间进行茶树修剪作业。

（3）在夏季高温干旱季节到来前，可在茶树行间覆草，即可保墒，又可降低地温。

（4）在强阳光和高温等易发生日灼病的条件下，茶篷面覆盖遮阳网、树枝等措施减轻日光照射强度。

茶苗根结线虫病的危害症状是什么？

茶苗根结线虫病分布在全国各茶区，主要危害茶树幼苗。多在 1～2 年生实生苗和扦插苗的根部发生，3 年以上的茶树幼苗一般不发病。发病苗主根、侧根上生出瘦瘤状物，大的似黄豆，小的似油菜籽，黄褐色，表面粗糙，有的几个瘦瘤相互愈合在一起形成不规则的瘤状物，须根少或无，病根畸形（图60）。扦插苗染病，病根多密集一团，组织疏松易折，地上部瘦小，叶片逐渐变黄（图61）。严重时，一株茶树幼苗上有几十个至上百个瘤状物，后期这些瘤状物枯萎腐烂，造成全株枯死。用细针挑开病根上的瘤状物表皮，可看到雌成虫。雌成虫洋梨形，黄色，体内有无色透明的椭圆形卵，雄虫为白色短线状。

图60　茶苗根结线虫病病根

图61　茶苗根结线虫病病株

茶苗根结线虫病的发生特点是什么？

（1）茶苗根结线虫病是由一种低等动物线虫引起的。以幼虫在土壤中或卵和雌成虫在根瘤中越冬。翌年春天气温高于 10℃时开始活动，雌成虫产卵与胶质卵囊内，以卵越冬。

（2）卵囊中的卵发育成熟后发育为 1 龄幼虫，1 龄幼虫不离开卵壳，蜕皮进入 2 龄后从卵壳中爬出。2 龄幼虫借水流或农具等传播到幼嫩的根尖处，用吻针穿刺根表及细胞，由根表皮侵入根内，同时分泌刺激物，引起茶树根部导管细胞的膨胀，使其周围的细胞加速分裂，形成巨型细胞。3～6 个巨型细胞形成一个瘤状物，随着根的膨大形成明显的根瘤。2龄幼虫蜕皮变成3龄幼虫,再蜕1次皮成为成虫。

(3)茶苗根结线虫的幼虫和雄成虫均可在土壤中自由活动,雌成虫则固定在根瘤中危害茶苗幼根。幼虫常随苗木调运进行远距离传播。土温25～30℃,土壤相对湿度40%～70%适合其生长发育,适宜条件下完成一代需25～30天。线虫在沙性土壤中常比黏性土壤中发病重,而在干土中幼虫和卵易死亡。

159 茶苗根结线虫病如何防治?

(1)选择生荒地或未感染根结线虫病的前茬地建立茶园,必要时先种植高感线虫病的大叶绿豆及绿肥,测定土壤中根结线虫数量。

(2)种植茶树之前或在苗圃播种前,于行间种植万寿菊、危地马拉草、猪屎豆等,这几种植物能分泌抑制线虫生长发育的物质,减少田间线虫数量。

(3)认真进行植物检疫,选用无病苗木,发现病苗,马上处理或销毁。

(4)苗圃的土壤于盛夏进行深翻,把土中的线虫翻至土表进行暴晒,可杀灭部分线虫,必要时把地膜或塑料膜铺在地表,使土温升到45℃以上效果更好。

(5)药剂处理土壤,育苗圃用3%呋喃丹颗粒剂,每667平方米2～5千克,与细土拌匀,施在沟里,后覆土压实,有效期1年,但采茶期不准使用。此外还可选用98%～100%棉隆微粒剂,每667平方米5～6千克,撒施或沟施,深约20厘米,施药后覆土,间隔15天后松土放气,然后种植茶苗。

160 地衣和苔藓的危害症状是什么?

地衣、苔藓分布在全国各茶区,主要发生在阴湿衰老的茶园。地衣(图62)是一种叶状体,青灰色,据外观形状可分为叶状地衣、壳状地衣、枝状地衣3种。叶状地衣扁平,形状似叶片,平铺在枝干的表面,有的边缘反卷。壳状地衣为一种形状不同的深褐色假根状体,紧紧贴在茶树枝干皮上,难于剥离,如文字地衣呈皮壳状,表面具黑纹。枝状地衣叶状体

图62 地衣

下垂如丝或直立,分枝似树枝状。苔藓(图63)是一种黄绿色青苔状或毛发状物,以假根吸附着在枝干上吸收水分,通过绿色的假茎和假叶进行光合作用。

地衣和苔藓发生时依附在茶树枝干上,使茶树更趋衰老,品质下降,发生严重时可使树皮褐腐。

图63 苔藓

 地衣和苔藓的发生特点是什么？

地衣、苔藓在早春气温升高至10℃以上时开始生长,地衣以叶状体碎片进行营养繁殖、也可以孢子或菌丝体繁殖,苔藓主要以蒴囊内产生的孢子进行繁殖。一般在5—6月温暖潮湿的季节生长最盛,进入高温炎热的夏季,生长很慢,秋季气温下降,苔藓、地衣又复扩展,直至冬季才停滞下来。老茶园树势衰弱、树皮粗糙易发病。苔藓多发生在阴湿的茶园,地衣则在山地茶园发生较多。生产上管理粗放、杂草丛生、土壤黏重及湿气滞留的茶园发病重。

 地衣和苔藓如何防治？

(1)加强茶园管理。及时清除茶园杂草,雨后及时开沟排水,防止湿气滞留,科学疏枝,清理丛脚、改善茶园小气候。

(2)加强茶园肥培管理。施用酵素菌沤制的堆肥或腐熟有机肥,合理采摘,使茶树生长旺盛,提高抗病力。

(3)秋冬停止采茶期,喷洒2%硫酸亚铁溶液或1%草甘膦除草剂,能有效地防治苔藓。

(4)喷洒1∶1∶100倍量式波尔多液或12%绿乳铜乳油600倍稀释液。

(5)草木灰浸出液煮沸以后进行浓缩,涂抹在地衣或苔藓病部防效较好。

 常见的茶园杂草有哪些？

茶园杂草种类多,既有一、二年生和多年生早春杂草,又有春夏型和秋、冬等类型杂草。茶园杂草类别在我国各产茶省不尽相同,但主要的种类以禾本科和菊科两类杂类草最为常见。此外还有石竹科、蓼科、莎草科、玄参科、马齿苋科、十字花科的杂草种类。其中发生最为普遍和危害最严重的有马唐（图64）、狗尾草、狗牙根、辣蓼、白茅、年蓬（图65）等几种。

茶园杂草通常是由一种或几种优势草种为主，同时混生其他多种杂草的复杂种群。一般新垦茶园的杂草种类以狗牙根、辣蓼为主，茶园投产后，马唐、狗尾草、蟋蟀草等大量滋生。在比较潮湿的地段，则以香附子、酢浆草等为主。衰老茶园中一些攀缘性杂草如瓜蒌、海金砂杂草数量增多。不同季节中，如春季以荠、紫花草丁、繁缕等为主，夏秋季以马唐、狗尾草、白茅、鸡眼草为主。

图64 马唐

图65 年蓬

164 如何防治茶园杂草？

茶园杂草对周围环境条件通常有很强的适应性，尤其一些严重危害茶园的恶性杂草，繁殖力强，传播蔓延状，在短期内就能发生一大片。生产上要尽量利用杂草生育过程中的薄弱环节，采取相应措施，达到理想的除草效果。

（1）清整园地。新开辟的茶园，在茶树种植前，或对荒芜的茶园在土壤垦复时，对园内杂草特别是宿根性杂草植物的根茎，必须彻底清除，如蕨类、白茅草等。

（2）适时控制杂草种子的传播，对幼龄茶园或台刈改造茶园，趁杂草未结籽处于幼嫩状态，应及时进行机械或人工翻耕、铲除；在茶园施用的栏肥、堆厩肥、畜禽类等农家肥，应经无害化处理，充分堆制腐熟后再施用，尽量减少杂草种子传播繁衍。

（3）应用各种覆盖物保护茶园土壤，如用黑色遮阳网、作物秸秆、茶树修剪枝叶等进行土壤覆盖，既能保持水土又抑制杂草萌发和生长。

（4）采用生物防治方法控制杂草，在农田杂草防治中，利用植物化感作用（异株克生特性）能有效地灭杀部分野草。利用稻草覆盖茶园可减少看麦娘的危害；茶园间作芝麻能有效控制白茅的发生与危害；利用大麦、燕麦、小麦等秸秆覆盖茶园对第二年杂草的生长都有抑制作用；茶园间作向日葵能有效地抑制马齿苋、曼陀罗、黎和牵牛花等杂草的生长等。

五、茶叶采制技术

 什么是名优茶?

　　名优茶(图66、图67)是具有优异品质、独特造型和广泛知名度的一类特殊的茶叶,是茶叶中的珍品。名优茶应符合以下几个条件:①外形独特美观,内质色香味优异;②产地自然条件优越,由优良品种的茶树芽叶制成;③选料加工精细,采制作业有严格的技术标准与要求,产品质量有保证;④饮用者共同喜爱,有一定知名度;⑤有一定产量,并符合食品卫生标准。

图 66　碧螺春

图 67　君山银针

 名优茶采摘标准是什么?

　　名优茶采摘标准是细嫩采,一般是指采摘单芽和 1 芽 1 叶以及 1 芽 2 叶初展的新梢。这种采摘标准花色多、产量低、品质佳、季节性强(大多数集中在春茶前期),经济效益高。

 什么是大宗茶?

　　大宗茶是指一次大量制作的茶,非精细茶,一般是在谷雨后采摘,茶叶发芽很多,然后大批量地采摘、制作,价格都相对便宜。我国在国内外市场上销售的大宗茶有绿茶、红茶、乌龙茶(青茶)、白茶、黄茶和黑茶(成品为紧压茶)等六大类。这些茶类的加工机械除一些专用设备外,多采用大宗绿茶和红茶加工所使用的设备,只是根据茶类加工特点不同而采用不同的加工工艺路线。

168 **大宗茶采摘标准是什么？**

大宗茶采摘标准是适中采，即指当新梢伸长到一定程度，采下 1 芽 2、3 叶和细嫩对夹叶，这种采摘标准能够兼顾茶叶的产量与品质，经济效益较高。大宗茶采摘要求鲜叶嫩度适中，是我国目前内外销的大宗红、绿茶如眉茶、珠茶、工夫红茶等最普遍的采制标准。

169 **乌龙茶采摘标准是什么？**

乌龙茶采摘标准是开面采，是指待新梢长至 3 ～ 5 叶将要成熟，而顶芽最后 1 叶刚摊开时采下 2 ～ 4 叶新梢，这种采摘标准俗称"开面采"。如采得过嫩并带有芽尖，则在加工过程中芽尖和嫩叶易成碎末，制成的乌龙茶往往色泽红褐灰暗，香气不高，滋味不浓；如果采得过老，外形显得粗大，色泽干枯，滋味淡薄。这种采摘标准的采法，全年批次减少、产量不高。

170 **黑茶采摘标准是什么？**

黑茶采摘标准是成熟采，其标准是待新梢成分成熟，新梢基部已木质化，呈红棕色时，才进行采摘。这种新梢有的经过 1 次生长，有的已经过 2 次生长；有的 1 年只采 1 次，有的 1 年采 2 次。这种成熟度较高原料采摘的原因，一是适应消费者的消费习惯，二是饮用时要经过煎煮，能够把这种原料的茶叶和梗中所含成分煎煮而出。

171 **适时手采应遵循哪些原则？**

（1）按标准及时采摘。茶叶生产的季节性极强，抓住季节及时采是采好茶的关键。若一批、一季采摘不及时，会影响全年甚至多年的产量和质量。按标准及时合理地采下芽叶，就加强了腋芽和潜伏芽的萌发，从而促进新梢轮次增加，缩短采摘间隔时间，有效提高全年芽叶的质量和产量。

（2）分批多次采摘。茶树的品种不同、个体不同，发芽有迟早之分；即使同一品种，同一茶树，因枝条强弱的不同，发芽也有前后快慢之别，所以根据茶树发芽不一致的特点，通过分批多次采，可做到先发先采，先达到标准的先采，未达标准的后采，这对于促进茶树生育，提高鲜叶产量和质量都十分有利。茶叶采摘分批的确定，应视品种、气候、树龄、培肥管理条件以及制茶原料的要求而定。

（3）依树势、树龄留叶采。茶树不同年龄阶段，在正常管理条件下，有其自身的生长发育规律。合理的茶叶采摘就是要根据茶树不同阶段的生长特点，采用不同的采留制度，使之既有较高的产量，又保持有生育旺盛的树势。

172 名优茶的手采方式有哪些？

采摘方法，因手指的动作，手掌的朝向和手指对新梢着力的不同，形成有各种不同的方式，主要有折采、提手采。

折采又称掐采，这是对细嫩标准采摘所应用的手法。左手接住枝条，用右手的食指和拇指夹住细嫩新梢的芽尖和一、二片细嫩叶，轻轻地用力将芽叶折断采下，此法采摘量少，效率低。

提手采是手采中最普遍的方式，现在大部分茶区的红、绿茶，适中标准采，大都采用此法。掌心向下或向上，用拇指、食指配合中指，夹住新梢所要采的部位向上着力采下投入采篮中。

173 如何掌握机采适期？

就我国茶区大宗红、绿茶的采收而言，采摘推迟，产量增加，鲜叶的等级与产量有相反的变化规律，推迟采摘新梢老化，鲜叶中有效成分含量下降，影响茶叶鲜叶的价格。随着茶叶向高档、优质化方向发展，一般认为红、绿茶标准新梢达 60%～80% 时，为机采适期。

174 如何选用采茶机？

（1）采摘机要与修剪机相配套，要与茶树篷面形状相匹配，即平形篷面要选平形采摘机，弧形篷面要选弧形采摘机。

（2）要根据茶园地貌条件来选择。零星山地茶园宜选用单人采摘机（图68）；平地、缓坡条栽茶园宜选用双人采摘机（图69）。

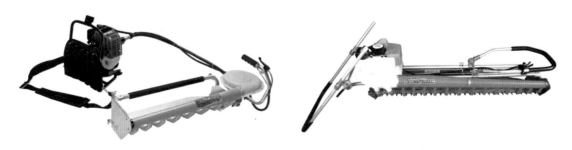

图68 单人采摘机　　　　　　　　图69 双人采摘机

（3）要根据生产规模与机械作业效率来选择。一般，单人采摘机工效为 333 米²/时，年承担作业面积为 16 675 平方米；双人采摘机工效为 1 000 米²/时，年承担作业面积为 46 690 平方米。

机采对茶叶产量和质量有何影响？

一般来说，机械采摘的鲜叶品质不及手工采摘得好。这是因为现有的采茶机，不能进行选择性的采摘，采摘时存在鲜叶老嫩不一、芽叶破碎率较高、茶梗多等弊病。但现在劳动力紧张，在采净率低的地区，使用采茶机采茶，能抢时间、争嫩度，采净率有所提高，具有增产提质的效果。但机械采摘对鲜叶品质的影响是很复杂的，从试验结果和生产实践来看，除茶树品种之外，还与老梗、老叶的多少及茶树树冠平整度、机采人员操作熟练程度、肥培管理等很多因素有关；芽叶破碎率的多少，与采茶机的机头类型有关；鲜叶嫩度的高低，与采摘时期的肥培管理水平有关；此外，茶叶品质的好坏，还与机械采摘时剪切的部位高低有关。机械采摘鲜叶的品质，主要取决于机具本身、操作技术和茶树条件3个方面。

 幼龄茶树如何采摘？

幼龄时期是培养茶树树冠的阶段，因此采摘的原则是"以养为主，以采促养，采养结合"。采摘的目的是增加篷面小桩密度，因此要在加强培肥管理的基础上，采高不采低，打顶护边。没定型修剪过的幼龄茶树不能采摘；在正常肥培管理条件下，完成3次定型修剪后，可进行采摘。其采留标准是春茶留2、3叶，采1芽1、2叶；夏茶留2叶，采1芽1、2叶；秋茶留1叶，采1芽1、2叶。一年后，进入正常采摘期。

 成龄茶树如何采摘？

成年茶树的采摘应贯彻"以采为主，以养护采，采养兼顾"的原则，实行"及时、分批、留叶、按标准"采摘的方法，以达到采好茶，养好树的目的，做到产量、质量、树势三兼顾。依据茶区的自然气候条件、茶树品种、管理水平以及加工茶类等进行采摘，具体做法有所不同。一般是在夏季或春茶后期至夏茶结束前留1叶采，其余各季留鱼叶采；有的则全年基本留鱼叶采，只集中在某一茶季留下一批不采。但总要求是，绿叶层厚度要达到10～12厘米，叶面积指数为3～4左右。

 更新复壮茶树如何采摘？

更新复壮茶树的采摘必须依修剪程度而定。

（1）春茶后台刈的茶树，当年夏茶留养不采，秋茶末期打头采；第二年春茶前进行第一次定型修剪，春、夏茶末期打头采，秋茶留鱼叶采；第三年进行第二次定型修剪，春留2～3叶采，夏留1～2叶采，秋留鱼叶采；第四年春茶前进行轻修剪，之后按生产茶园进行正常留叶采。

（2）重修剪茶树，当年夏茶留养不采，秋茶末期打头采；第二年春茶前定型修剪，春茶末期打头采,夏茶留 2 叶采,秋茶留鱼叶采;第三年春茶前轻修剪,春茶留 1 ～ 2 叶采,夏茶留 1 叶采,秋茶留鱼叶采;以后正常留叶采。

 名优绿茶原料有哪些要求?

鲜叶是加工名优绿茶的原料,其质量的优劣直接影响名优茶品质。鲜叶质量主要包括鲜叶的嫩度、新鲜度、匀净度三方面。

(1)嫩度,是鲜叶质量的主要指标,是指芽叶生育的成熟程度,是鲜叶内在各种化学成分综合的外在表现。鲜叶的色度和柔软度能反映出鲜叶的嫩度。

(2)新鲜度,是指采下来的鲜叶尽量保持其原有的理化性状的程度,是衡量鲜叶质量的指标。要求鲜叶采摘后在合适的摊放时间内进行加工付制。

(3)匀净度,是评定鲜叶质量的重要指标。匀度是指一批鲜叶质量的一致性,鲜叶匀度好包括鲜叶的嫩度、芽叶长度及比例的一致性,匀度是保证名优绿茶加工质量的重要指标。净度是指鲜叶里夹杂物的含量。夹杂物有茶类和非茶类两种。茶类夹杂物有茶花、茶果、鱼叶、老叶等。非茶类夹杂物有杂草、沙石等。夹杂物都对茶叶的品质有影响,有的还影响人体健康。名优绿茶不能有任何夹杂物。

 鲜叶摊放的目的是什么?

鲜叶摊放有助于提高茶叶品质,提高工效、节约能源、调节生产高峰、降低加工工人的劳动强度。摊放后适度散失部分水分,有助于叶质变软,有利于杀青时杀匀杀透;增加茶水解物的比重,增进滋味;散失部分青草气,利于香气的发展。

 鲜叶摊放程度对绿茶品质有什么影响?

鲜叶摊放程度不同对绿茶品质有不同的影响。

(1)鲜叶摊放程度过轻,则含水量偏高,芽叶较硬脆,加工过程中易导致杀青不匀、条索断碎、干色偏暗、茶汤发黄、滋味苦涩、香气低淡、叶底欠亮等品质不足。

(2)鲜叶摊放程度过重,则易发生芽叶起黑点、发暗、部分红变、变质、干物质消耗增加。加工过程中易导致干色发黄、碎片增加、滋味淡薄、茶汤欠亮、叶底花杂、香气不纯等不足。

(3)合适的鲜叶摊放程度是摊放时间 5 ～ 16 小时,雨水叶应适度延长,薄摊,至鲜叶含水率69%～71%左右,鲜叶叶质变软,色泽变深,嗅有清香,青气消失时为合适。

182 **鲜叶摊放过程中要注意哪些事项?**

鲜叶摊放过程中要注意以下几方面:

(1)严格按品种、级别、采摘时间分级收购,分开摊放,分别加工。

（2）配置专门的摊青场所和摊青设备，如摊青平台、摊青机、摊青槽、竹席、竹盘等透气的工具，制造摊青设备的材料必须达到食品级标准。

（3）摊放时芽叶必须抖散，摊放厚度根据摊青设备确定，宜薄不宜厚。摊放时间5～16小时，以鲜叶含水率达到69％～71％为宜。温度低、雨天鲜叶含水量高，摊放时间宜适度延长；温度高、晴天鲜叶含水量低，摊放时间宜适度缩短。

（4）实现温、湿、气的自动控制，达到摊青、保鲜、散失水分的摊青目的，杜绝鲜叶摊青过程中红变现象发生。

（5）鲜叶贮存应选择阴凉、空气流通、场地清洁的地方，有条件的可设贮青室。

 183 杀青的目的是什么？

（1）通过高温彻底破坏钝化酶的活性，制止多酚类化合物的酶促氧化，防止红梗红叶，并使鲜叶中的内含物发生一定的热化学变化，以形成名优绿茶应有的色、香、味。

（2）改变叶绿素存在的形式，使叶绿素从叶绿体中解放出来，便于开水冲泡后溶解在茶汤中，保持汤色碧绿，叶底嫩绿。

（3）除去鲜叶的青草气，散发良好香味。

（4）蒸发散失部分水分，使叶质柔软，芽叶韧性增强利于揉捻成条。杀青时，掌握好"高温杀青，先高后低""透闷结合，多透少闷""嫩叶老杀，老叶嫩杀"三条原则。

 184 绿茶杀青技术有哪些？

绿茶杀青方式有机械杀青和人工杀青两种方式，机械杀青技术方法依导热介质不同，可分为金属导热、蒸汽导热、空气导热、光波导热、电磁导热等。目前，常用的机械杀青技术方法有连续滚筒杀青、高温汽热杀青、超高温热风滚筒杀青、电磁能滚筒杀青、微波杀青、红外线杀青，以及蒸汽／滚筒组合杀青机组杀青、滚筒／微波杀青机组杀青等。

185 杀青程度对绿茶品质有什么影响？

（1）杀青适度，则能形成名优绿茶应有的色绿、香郁、味醇之品质基础。在实际生产中鉴定杀青适度的方法，通常通过感观来判断。适度特征是手握叶质柔软，略带黏性，梗折不断，紧握成团，稍有弹性，松后又慢慢散开，眼观叶色由鲜绿色变为暗绿、失去光泽，鼻嗅无青草气，有清香，含水率60％左右。

（2）杀青不足，则酶的活性未得到彻底破坏、钝化，青气未散尽，无清香，含水率偏高。对绿茶品质产生不利影响，如条索断碎、干色发暗、茶汤发黄、滋味苦涩、香气低淡、叶底欠亮、茶汤浑暗等。

（3）杀青过度,则导致杀青叶叶色泛黄,有的甚至产生焦边、斑点,降低绿茶品质。对绿茶品质产生不利影响,如干色枯黄、条索松泡、滋味淡薄、叶底泛黄、香气不纯等。

186 名优绿茶揉捻前为何要充分回软?

名优绿茶揉捻前充分回软有利于茶叶品质。杀青叶出来后立即经过风选去除黄片,同时驱散叶子的水蒸气,快速降低叶温,以防止杀青叶闷黄,保持叶色绿翠,香味清鲜。经过去杂后的杀青叶进一步的冷却回潮,使茎叶水分一致,茶叶得到充分的回软,有利于后面的加工工序。经充分回软后的杀青叶揉捻后的条索紧结均匀,叶底完整度提高,茶汤的亮度、耐泡度提高。实际生产中鉴定杀青叶充分回软的方法,通常通过感观来判断,适度特征是手握柔软,放在耳边轻捏听不到碎叶声,茎叶水分重新分布均匀,叶色基本一致。

187 揉捻程度对绿茶品质有什么影响?

揉捻是杀青叶在力的作用下塑造成各种形状和内质的过程,对提高成品茶的品质具有重要作用。揉捻不足,滋味和色泽都比较淡薄,不能形成紧结条索。揉捻过度,茶汁完全挤出,有些黄酮类化合物自动氧化,茶汤不清,揉碎芽叶。炒青绿茶揉捻技术具体掌握如下:

（1）揉捻投叶量,一般将茶叶稍用力压紧,茶叶装满揉桶即可。若过少,茶叶在揉桶内压力不够,若投叶量过大,茶叶过紧,则茶叶无法翻转,使揉捻不均匀。

（2）看揉叶量决定揉捻时间。揉叶量多就长,揉叶量少就短。揉叶量过多,揉捻时间过长,对香气有适当提高,但汤色叶底都不亮。

（3）揉捻时间决定揉捻程度和形状。时间长减少粗大茶条,但是断碎、茶尖折断,下身茶较多,形状不整齐。时间短,条索不紧,碎末较多,头子茶增多。

（4）揉捻机的转速一般以45～55转/分较为适宜,转速过快效率提高,但断碎率增加;转速过慢,虽然破碎率低,但效率更低,也不易成条。

188 如何加工能使绿茶色绿香浓?

绿茶加工主要过程分为杀青、揉捻、干燥三道工序。为了加工得到色绿香浓的绿茶,每一道工序都要严格掌控。

（1）杀青。杀青是形成和提高绿茶品质关键性的技术措施,主要目的:一是彻底破坏鲜叶中酶的活性,制止多酚类化合物的酶促作用,以便获得绿茶应有的色、香、味;二是散发青气、发展香气;三是改变叶子内含成分的性质,促进绿茶品质的形成;四是蒸发一部分水分,使叶质变柔软,增加韧性,便于揉捻成条。

杀青适度的主要标志是叶色由鲜绿转为暗绿,不带红梗红叶,手捏叶软,略有黏性,嫩茎梗折之不断,紧捏叶子成团,稍有弹性,青草气消失,略带茶香。

(2)揉捻。揉捻是为了卷紧茶条,缩小体积;适当破坏叶组织,既要茶汁容易泡出,又要耐冲泡。揉捻使细胞内含物(如蛋白质、果胶、淀粉、糖等物质),渗透到叶子表面。这些内含物在一定含水量时具有黏稠性。这种黏稠性有利于茶叶揉捻成条,也有利于下一工序的进一步整形。

(3)干燥。干燥是决定绿茶品质的最后一关。在制茶过程中,不能单纯地认为仅是除去茶叶中的水分,而是在蒸发水分的同时,除了外形上有显著改变以外,叶内发生着复杂的热物理变化。

干燥一般分为二青、三青和辉锅三道工序。无论干燥过程的机组如何配套,也不论具体炒法如何进行,其目的均为:一是叶子在杀青的基础上继续使内含物发生变化,提高内在品质;二是在揉捻的基础上整理条索,改进外形;三是排除过多水分,防止霉变,便于贮藏。

 如何手工制作扁形名优绿茶?

手工制作扁形名优茶(图70)就是在锅中用手进行抖炒、理条、压扁的绿茶炒制工艺。鲜叶原料要求鲜、嫩、匀。炒制工艺分青锅和辉锅两大工序。炒制手势有抖、搭、捺、拓、甩、抓、推、磨、扣等十大手法,交替使用,灵活掌握,辉锅中后期炒制时做到手不离茶,茶不离锅。

图70 扁形名优绿茶

(1)青锅。当鲜叶摊凉至含水率达69%～71%时开始杀青,每锅投叶量为100～125克,锅温180～200℃,以下锅时能听到轻微的爆声为最宜锅温。分3

个阶段共炒 12 ～ 16 分钟。第 1 阶段抖炒 3 ～ 4 分钟,第 2 阶段用抖、捺等手法炒 2 ～ 3 分钟,第 3 阶段搭、捺结合,炒到茶叶舒展扁平、含水率为 20% ～ 25% 时起锅。青锅叶摊放回潮 40 ～ 60 分钟后,用 3 孔、5 孔筛将青锅叶分成 3 档(头子、中筛、筛底)分别辉锅。

(2)辉锅。待青锅叶回潮略变软时即可进行辉锅。每锅投叶量为 250 ～ 300克,茶叶下锅后以拓为主,用抖适当辅助,等茶叶转热时可采用轻抓、轻捺的手势,炒至茶叶不黏手时采用抓、推、捺为主的手法,并逐渐用力,以使茶叶扁平。手势总的来说是由轻到重,炒到茶叶将干时,用力要减轻,以便减少碎茶,当梗叶干燥程度一致,含水率低于 6% 时即可起锅,历时 20 ～ 25 分钟。整个辉锅过程中,锅温控制在 60 ～ 90℃,呈现一个由低到高再降低的过程。最后再进行分筛去杂,归堆包装。

190 如何机制扁形名优绿茶?

扁形名优茶机制工艺包括:鲜叶摊放、滚筒杀青、多功能机做形、摊凉、辉干等。

(1)鲜叶摊放。将采摘的 1 芽 1 叶或者 1 芽 2 叶新梢分级摊放。厚度一般为 2 ～ 6 厘米,摊放时间为 5 ～ 16 小时,摊放至叶质变软,叶色由鲜绿转暗绿,青气消失,清香显露,叶片含水率为 70% 左右为宜。

(2)滚筒杀青。滚筒进叶口温度为 190 ～ 195℃,出叶口温度为 140 ～ 150℃。根据杀青程度控制投叶量,匀速投叶。杀青时间 160 ～ 190 秒,杀至叶色暗绿,清香显露,梗折不断,手握柔软而稍带黏性。杀青叶含水率以 57% ～ 61% 为适度。

(3)做形。采用 6 厘米 D-40/5D 名优茶多功能机,并配置直径为 30 毫米,轻(200 克 / 根)、重(400 克 / 根)的压棒各 5 根。多功能机机槽温度为 80 ～ 90℃,投叶量每槽 100 克左右,先空炒 60 ～ 120 秒后待叶温上升,叶质柔软,芽叶基本成条,加压轻棒炒 60 ～ 120 秒,待茶叶表面水分基本散失,稍有触手感时,再加重压棒炒 120 秒后,起棒空炒 60 ～ 120 秒。炒至茶条基本扁平挺直,手触发硬,七八成干,出锅摊凉。做形总时间为 7 ～ 8 分钟,加压时间为 3 ～ 4 分钟,其中机槽往复频率在空炒时为 120 转 / 分左右,加轻压棒时调至 60 转 / 分,加重压棒时调至 90 转 / 分。

(4)摊凉回潮。做形后出锅应及时摊凉,尽快降温和散发水气。摊凉回潮时间为 30 ～ 60 分钟。在摊凉过程中适当并堆,必要时覆盖棉布回潮并进行筛分,便于辉干时进一步做形。

(5)辉干。一般采用电炒锅或扁形茶辉干机,锅温要求相对稳定,以 80 ～ 90℃为宜,开始时锅温稍高,而后慢慢降低,至出锅前再略为升高,以提高香气。电炒锅投叶量为 250 ～ 400 克,按龙井茶辉锅手法操作,炒至茶条扁平挺直,色泽嫩绿光润,含水率低于6%,即可出锅。扁形茶辉干机投叶量以装满机器为适度,辉干至茶香显露,含水率≤6%,即可出锅。

191 如何手工制作针形名优绿茶?

(1)杀青。杀青在平锅中操作。锅温120~140℃,鲜叶含水量高,杀青温度相对高些;鲜叶含水量低,杀青温度相对低些。投叶量为400~500克。投叶前用制茶专用油润滑锅子,但不宜太多,否则会影响干茶色泽。鲜叶下锅后,双手迅速均匀翻炒。为使叶温迅速达到80℃,在抖炒杀青的同时,也可适当闷杀,但时间要短。杀青叶起锅前,双手合拢轻搓几下,使叶子初步卷起,为揉捻打下基础。杀青时间一般为5~7分钟。

(2)揉捻。揉捻一般采用热揉(即杀青叶没有完全冷却时开始揉捻)。揉捻手法采用双手推揉法,即双手握住茶叶在竹匾上来回推滚。动作要先轻后重,先慢后快,用力应掌握来轻去重。每揉2~3分钟,解块散热1次。揉捻全程时间为8~10分钟,中间解块2~3次。揉捻时切忌在竹匾上拖带硬擦,以免揉碎叶子。

(3)搓条与干燥。锅温85~90℃,投叶量350克左右,锅面先擦少许制茶专用油,投叶后边翻炒抖散,边将茶条理顺,并置于手中轻轻搓条。等到叶子不太粘手时,将锅温按80℃—70℃—60℃—50℃依次降低,手势逐渐加重,边搓边理条。当叶子达到6~7成干时,转入抓条为主,抓、搓、理相结合的手法,5~8分钟后,再进行拉条。将茶叶从锅心至锅沿抓起收紧,部分从虎口溢出,如此反复进行。当茶叶达到9成干时,即可起锅摊凉。然后将茶叶筛分,分级后的茶叶分别用烘笼足干。烘笼温度约50℃,文火慢焙,至含水率为5%~6%时出笼,即为成品茶(图71)。

图71 针形名优绿茶

192 如何机制针形名优绿茶?

加工工序为:鲜叶采摘与摊放—杀青—揉捻—初烘—理条—复烘—复理—足干。

(1)鲜叶采摘与摊放。用来制作名优茶的原料,要选择良种茶树的鲜叶,并采摘栽培管理好的芽叶,一般特级鲜叶为单个芽,一级为1芽1叶初展,二级为1芽1叶或1芽2叶初展,并以清明节前后采摘的品质最佳。采摘后要进行拣选,要求大小均匀,基本一致,并及时将鲜叶薄摊在阴凉、通风处。摊放厚度2~3厘米,以不超过5厘米为宜,叶温不得超过25℃,摊放时间5~16小时,其间轻翻2~3次,当鲜叶闻之有清香或花香味时即可付制。摊放叶含水率69%~71%。

(2)杀青。针形名优茶的机制加工可选用微型滚筒杀青机(如6CTS-30型、40型)杀青。应用滚筒杀青机杀青连续作业。杀青前应先打开机器,使滚筒运转1~2分钟,将筒体内残余茶叶或杂物清除后再加温。当筒体进口15~20厘米处温度上升至180~195℃,手感到灼热时可以开始投叶,刚投入的茶叶会发出"噼啪"响声,证明温度已经足够高。要防止温度过高而发生焦变,但温度也不能过低,过低会使杀青不透不匀,产生红变。开始投叶时要适当多投一些,以免筒体过热造成杀青过度。待温度稳定后再均匀地投叶,每次匀速投入50克左右,同时打开杀青机出口下面的吹气风扇,使出筒体的叶子迅速冷却。要不断观察杀青叶是否杀透杀匀,是否符合标准。采用微型滚筒杀青机杀青一般历时150~180秒,杀青叶的含水率控制在58%~60%之间。当手握杀青叶柔软如绵,紧握成团,松手不易弹散,折梗不断,叶子失去光泽变暗绿色,青草气散失,清香味串鼻时即可出锅。然后将杀青叶摊放在洁净竹席或篾垫上,切忌堆积,以防闷黄变质。待其回软后剔除碎片和灰末进行揉捻。使用滚筒杀青机及复干机作业完毕后,不能立即关机,要等筒体温度降到50℃以下时才能停机,以免筒体变形。

(3)揉捻。杀青叶摊凉回软后要立即进行揉捻。制作针形茶揉捻采用小型揉捻机,如用30型揉捻机打条(轻揉),揉捻时轻压,使杀青叶初具条索,切忌重揉出汁。如制单个芽茶揉捻可以不加压,也可以不经揉捻而直接理条整形。

(4)初烘。采用热风烘干机烘干,进风温度控制在100~120℃,烘干程度以茶叶含水率30%~35%,茶叶互不黏结有爽手感时即可下机摊凉。

(5)理条。即整理茶叶成条形,是塑造针形茶条索紧细圆直的关键工序。理条整形采用名茶理条机进行,温度控制在90~100℃,每槽的投叶量0.1千克左右,必要时可加较轻的加压棒,在不压扁茶叶的前提下,能够保证芽头更挺直。整个理条整形时间为4~5分钟。当茶芽理直定形后,茶叶含水率20%~25%,即可出茶再行摊凉。

(6)复烘。复烘热风温度控制在80~90℃,历时5~10分钟,当茶香略有显露,茶叶含水率10%～15%,达七成干时下烘摊凉。

(7)复理。经过摊凉的茶叶选用多功能理条机进行复理,每槽投叶约0.1千克,火温约90℃,即以手握茶叶略感烫手为宜,理条时间4～6分钟,当茶香显露散发,茶叶含水率8%左右时即可出茶。

(8)足干。采用热风烘干机进行,热风温度控制在70～80℃。足干温度不宜太高,以免干茶枯焦。烘干时间根据上烘茶叶含水量的高低灵活把握,当烘至茶叶含水率5%左右,手捏茶叶成粉末时为适度,即可下烘。足干后的茶叶要进行割末,分筛定级,拣去梗、片及杂质,使成品茶色泽匀净、外观匀齐后立即包装。

193 如何手工制作卷曲形名优绿茶?

(1)杀青。采用直径60厘米的电炒锅,当锅温达到180～200℃时,向锅中投500克鲜叶,用双手迅速翻炒,先抖后闷,少闷多抖,做到捞净、抖散、杀匀、杀透,无红梗、红叶,无焦边、爆点。杀青时间为3～4分钟,然后降低锅温转入下道工序。

(2)揉捻。当锅温降到80℃左右时,用双手拢住杀青叶,沿锅壁顺一个方向进行推手揉捻,使茶叶在手掌和锅壁间进行"公转"与"自转"。开始时,揉3～4转抖散1次,以后逐步增加揉转次数,减少抖散次数。揉时手握茶叶要松紧适度,按照"轻—重—轻"的顺序操作。当茶叶达到七成干、条索基本紧结时结束揉捻。揉捻总时间10～12分钟。

(3)搓团。搓团是茸毛显露与条索紧细卷曲的关键工序。当锅温降至60～70℃时,将热坯用双手控制在掌心搓转成团,方向一致,每个茶团不必马上解散,可在锅内放置片刻再解散。搓团要掌握用力均匀,按照"轻—重—轻"的顺序操作。搓至条索卷曲、茸毛显露、茶坯达八成干时即可。搓团用时12～15分钟。

(4)干燥。干燥温度从60℃慢慢降低到50℃。将搓团后的茶叶用手轻轻翻动或轻轻转团,手势一定要轻,这是技术关键,到有轻微触手感,茶叶达九成干时起锅;再将茶叶薄摊在桑皮纸上,连纸放在锅中,利用锅温余热焙至足干,时间6～8分钟,茶叶含水率在6%左右。(图72)

图72　卷曲形名优绿茶

如何机制卷曲形名优绿茶?

加工工艺为摊放、杀青、揉捻、初烘、做形、提毫、足干。

(1)摊放。将采摘的鲜叶分级摊放,摊放时间 5 ～ 16 小时,其间轻翻 2 ～ 3 次,当鲜叶闻之有清香或花香味时即可杀青。要做到及时、洁净、通风、薄摊,摊放后含水率大约为 70%。

(2)杀青。可选用 80 型或其他小型滚筒杀青机。杀青时,先使机器运转,同时加热,在机器预热一段时间后,筒壁温度升至 190℃左右时投叶,开始投叶量稍多,以防少量青叶落锅后成焦叶,产生爆点,之后均匀投叶,投叶量以 120 千克 / 时为宜。杀青掌握叶色转暗绿,手握柔软,青气消失,散发出良好的茶香,杀青叶含水率 60% 左右,不产生红梗红叶,无焦叶、爆点产生为适度。

(3)揉捻。采用中小型揉捻机。将杀青后经摊凉的杀青叶,放入揉捻机内如 55 型揉捻机,每桶投叶量 25 ～ 30 千克,轻揉不加压,时间 5 ～ 10 分钟,不宜过长,防止茶汁溢出,影响色泽与显毫。下机后及时解块散热。

(4)初烘。用热风式烘干机对解块散热后的揉捻叶进行初烘,烘时掌握进风口温度为 100 ～ 120℃,薄摊快烘,约 10 分钟,烘至手握能成团,松后自然散开,烘叶含水率 35% ～ 40% 时,下机冷却,回潮 40 ～ 60 分钟。

(5)做形。可采用合适的曲毫机。温度为 60 ～ 80℃,边做形边烘炒时,要注意透气,开启风机吹热风,以保茶叶翠绿色泽,需时 20 ～ 40 分钟,炒至茶条卷曲,含水率 10% 左右时,出机摊凉。

(6)提毫。白毫显露是曲形茶主要特征之一,机械提毫可采用 6CLH-40(D)型六角提毫辉干机,或 6CLH-40 型提毫辉干机,提毫温度为 50 ～ 60℃,茶叶在这一温度下,失水缓慢,保持柔软状态,利于提毫,提毫时间一般为 10 ～ 15 分钟,待茸毛显露时下机摊凉。

(7)足干。在微型名优茶烘干机中进行,温度应控制在 60 ～ 70℃,采用文火慢烘,烘至茶叶含水率降至 5% ～ 7% 时,下机冷却,再经去除黄片、割去茶末,便可贮藏、出售。

如何手工制作条形名优绿茶?

(1)杀青。在平锅内手工操作,锅温 200 ～ 220℃,每锅投叶 200 ～ 250 克,投叶后叶温要迅速达到 80℃。杀青以抖炒为主,操作要求轻、快、净、散,即手势轻、动作快、捞得净、抖得散。锅温先高后低,以炒到叶色转为暗绿,叶质柔软,略卷成条,折梗不断,青气散失,减重 25% ～ 30% 为适度,可起锅。杀青叶要求不焦边、无爆点,出锅叶立即簸扬和摊凉散热。

（2）揉捻。杀青叶经摊凉后进行揉捻。揉捻在竹匾中进行,采用双手单把或双手双把推揉法。用力要掌握"轻—重—轻"的原则。先轻揉30秒后抖散团块,再重揉30秒抖散,最后轻揉30秒,共1～2分钟,以基本成条,稍有茶汁溢出为适度。一般每2锅杀青叶并做1次揉捻。

（3）初烘。揉捻后立即上烘,2～3锅杀青叶并作1笼,上烘时笼顶温度为90～110℃,摊叶厚度在1厘米左右,以优质木炭为燃料,旺火烘焙,做到快烘、薄摊、勤翻、轻翻。烘至茶叶稍有触手感即出笼摊晾,需20分钟左右。

（4）整形提毫。以开化龙顶为例。该工序在平锅中进行,投叶时锅温稍高些,控制在100℃,理条造形时锅温低些,70℃左右即可。投叶量视操作人员手掌大小而定,以方便炒制整形为标准。手势分"滚边抖炒""抓捏滚拉""滚边团搓",这3种手势要灵活运用,交替进行。茶叶下锅后,先"滚边抖炒"数次,待茶叶受热回软后,再用"抓捏滚拉"为主要手法,进行理条整形,茶叶从锅心抓拉向锅沿,边抓边捏,并在手中徐徐滚动,使部分茶叶从手虎口吐出,再从锅心抓回,如此反复进行。炒至有黏结感时,用"滚边抖炒"手法迅速将茶叶抖散,再以"抓捏滚拉"手法将茶叶理顺、理直,多次反复交替进行。当炒至稍有触手感时,则以"滚边团搓"手法为主,结合"滚边抖炒"手法;将茶叶炒到基本定形,银毫显露。锅边开始出现小茸球,有明显触手感,约八成干时即可起锅摊凉上烘。

（5）低温焙干。烘笼温度(一般测量烘笼顶端)为60～80℃,两锅整形提毫叶并作1笼,均匀薄摊于烘笼上,文火慢焙,焙干温度掌握"高—低—高"的原则。适时翻动,尽量少翻、轻翻,以免茶叶断碎影响品质。烘至捻茶呈末,茶香扑鼻,含水率为5%～6%时出笼。(图73)

图73　条形名优绿茶

　如何机制条形名优绿茶?

加工工艺为摊放、杀青、揉捻、初烘、理条、足干。

（1）摊放。将采摘的1芽1叶或1芽2叶嫩梢摊放,厚度为3～5厘米,摊放时间为 4 ～ 5 小时。摊放至茶条萎软、色泽暗绿、清香显露为适度。

（2）杀青。采用滚筒杀青机，筒内温度 190℃ 左右即可投叶杀青，均匀投叶，不断观察出叶是否杀匀杀透。杀青叶达到色泽暗绿、叶质柔软、略有清香为适度。杀青叶及时摊凉。

（3）揉捻。采用 25、30、40、55 型等中小型揉捻机均可，每桶投叶量以轻压装满揉桶为宜，保持轻压，使揉捻叶成条而又不使茶汁大量溢出，并保持茶芽叶完整。

（4）初烘。采用 6CHW 系列微型烘干机或 6CHP-60 型名优茶烘焙机，热风温度 120℃ 左右，薄摊勤翻，以手触茶叶有刺手感，含水率降到 25%～30%，叶色翠绿显毫为适度。初烘叶应及时摊凉回潮。

（5）理条。采用 6CG 型电炒锅或 60 型震动理条机，温度 100 ～ 120℃，投叶量 1.2 千克，炒至茶叶有刺手感出锅摊凉，保证茶叶色泽翠绿。

（6）足干。烘干机械同初烘，温度控制在 80 ～ 90℃ 之间，足火时低温慢烘，能保证茶叶色泽翠绿，含水率控制在 6% 左右。

197 如何机制珍眉？

珍眉鲜叶加工虽然各产区不尽相同，但主要过程是一致的，均分为杀青、揉捻和干燥。

（1）杀青。滚筒杀青机：目前应用已多种，以中国农业科学院茶叶研究所研究设计的 6CAT-280 型转筒式绿茶杀青机为例，该机筒体直径 60 ～ 80 厘米，筒长为 400 厘米，用煤或柴作燃料。先将炉子烧红，待燃料着后，立即将带动筒体电动机启动。让筒体转动均匀受热，以免筒体变形，接着将鲜叶投入输送机的贮茶斗内。但此时输送带不予启动。当筒体加温内壁微微有点发红或见火星在桶内跳跃时，即可启动输送电机上叶，开始上叶量要多，以免焦变。待开始出叶时再启动排湿罩电动机，将水蒸气排出。

杀青时应随时检查炉温，必须使炉温保持恒定，不可忽高忽低。每小时投叶量，春季嫩叶为 150 ～ 200 千克，后期老叶可适当增加；如遇雨水叶或露水叶以及嫩叶含水量较高的叶子，先将电机轴微调无级别变速皮带轮放在慢档，使筒体在 25 转/分速度下工作，以延长叶子在筒内停留时间；如遇较干叶子或老叶含水量特别低，则可调至快挡，以缩短叶子在筒内的停留时间。

（2）揉捻。各种型号的揉捻机都有一定的投叶适量范围。投叶量的多少直接关系到揉捻叶的质量。以 CR-40 型揉捻机为例，投叶 9 千克的揉捻叶断碎率为 2.49%，投叶 12.5 千克的揉捻叶断碎率达 5.71%。绿茶鲜叶加工，揉捻机转速不宜过快。转速相差 2 转/分，对成条率影响不大，而相差 4 转/分以上，差异就极显著。高级叶揉捻时间虽定为 20 ～ 30 分钟，但一般不宜加压或只能加轻压，不然也会造成茶条不整,锋面断碎。

眉茶鲜叶加工所使用的揉捻机,一般均为中小型揉捻机。具体机型,种类甚多,主要有 CR-40 型、45 型、55 型等。转速一般为 45 ～ 55 转 / 分。嫩叶转速宜慢,较老叶子转速可稍快。揉捻均匀,三级以上的叶子成条率要达 80% 以上,三级以下的叶子成条率达 60% 以上。揉捻叶细胞破坏率一般为 45%～55%。茶汁黏附叶面,手摸有湿润黏手感觉。

(3)干燥。干燥一般分二青、三青、辉锅三道工序。①二青用烘,是较好的方式。但温度不能过高,烘干机一般掌握 95 ～ 115℃;烘笼以 80 ～ 85℃ 为宜,不能超过 90℃。②三青,经过初烘或初炒后的三青叶,上锅式炒干机炒三青,每锅投叶量为 7.5 ～ 10.0 千克二青叶;锅温为 100 ～ 110℃,炒到手捏叶子有部分发硬,但不会断碎,而有触手感觉,略有弹散力时即可,含水率 20% 左右为宜。③辉锅有两种方法,即锅式炒干机辉锅和瓶式炒干机辉锅。前者称炒,后者称滚。锅式炒干机辉锅,叶量为两锅三青叶,锅温 90 ～ 100℃,炒 30 ～ 40 分钟,含水率 5%～6% 为适度;瓶式炒干机辉锅,一般使三青叶炒至含水率 12% 左右,然后上瓶式炒干机滚炒较为适宜。

 198 如何机制香茶?

(1)杀青。香茶杀青大多选用 80 型滚筒杀青机,当杀青机进口处筒温达到 190 ～ 200℃,配带热风的杀青机进口处筒温达到 275 ～ 280℃,热风温度出口达到 120 ～ 150℃,中心处热空气达 75℃ 即可投叶杀青。刚开始投叶量要适当增加,并连续投入,以免产生焦叶。然后均匀投叶,每小时杀鲜叶 100 ～ 150 千克。杀青程度,以叶色暗绿,表面失去光泽,手捏叶质柔软,折梗不断,手握成团,稍有弹性,青草气散失,清香产生,杀青叶含水率 55%～60% 为适宜。为使杀青叶及时降温和散发水蒸气,在杀青机出口旁和杀青叶摊放处利用风扇进行快速排风散热。

(2)揉捻。香茶揉捻普遍采用 55 型揉捻机进行,采取冷揉较为理想。香茶原料总体比较嫩,为了保证清汤绿叶,一般杀青稍微掌握偏老杀。同时经滚筒杀青后,叶子表面失水较多,叶缘较为松脆,必须充分摊凉返软后再揉捻,否则容易造成断碎,影响茶叶质量。投叶量 55 型每桶 25 ～ 28 千克,以揉捻叶在桶内翻转自如为适宜。

香茶紧结细秀的外形,除有一定嫩度的原料之外,运用长揉轻压方法是其中一大特点。揉捻加压以其"轻—重—轻"为基本原则。根据原料档次不同,加压有明显区别,高档香茶揉捻加压则以轻压为主,揉捻时间 60 ～ 70 分钟;中档香茶以中压为主,适当结合重压,揉捻 120 分钟左右。高档原料成条率达 95% 以上,中档达 85% 以上为揉捻适度,并且茶汁溢出附于揉捻叶表面,触摸有黏稠感。在揉捻技术上必须掌握开始阶段的空压和结束阶段的松压技术环节。下桶后及时对揉捻叶进行解块，并及时干燥。

（3）干燥。干燥是香茶制作的最后工序。香茶干燥工序分为滚（烘）二青—做形—滚足干三个环节。①二青：香茶大多采用80型滚筒杀青机（也可用烘干机）。当杀青机进口处筒温达到170～180℃，杀青机出口中心处热空气温度达到70～75℃时即可投叶滚二青。二青程度，以手捏松手不黏，稍感触手，具有弹性为适宜。二青叶经充分摊凉回潮进入下道工序。摊凉期间，对老叶黄片进行拣剔，提高香茶净度。②做形：香茶采用滚筒杀青机完成，滚筒温度100～110℃，滚炒次数5～6次，中低档原料滚炒次数增加，至条索细紧，有明显触手感，色泽绿润、香气初显为适度，摊凉回潮进入下道工序。③足干：称"提香"，对香气的发展，起至关重要作用。采用滚筒杀青机经3～4道滚炒完成，1～3道滚筒温度150℃，茶叶下机时，手握有烫手感为宜。要及时排风，清除茶末、碎片，以免产生焦味。最后一道适当提高温度，促进高香形成，但要切忌高火香。至手捻成粉，条索细紧，色泽翠润，香气盛发，含水率≤6%为适度。经充分摊凉，精选拣剔，包装保管，整个香茶制作过程完成。

199　如何机制黑毛茶？

（1）杀青。多采用双锅杀青机，锅温300～320℃，每锅投叶量8～10千克。待叶片失去光泽，变为暗绿色，发出香味，叶质柔软，标志杀青匀透，即可出锅，趁热揉捻。

（2）初揉。多采用机揉，一般采用CR-40型揉捻机，每机装杀青叶7～8千克。一般小型揉捻机先轻压1分钟，再中压2分钟，后重压4～5分钟；中型揉捻机先轻压1～2分钟，再中压2～3分钟，后重压5～6分钟。初揉共需8～12分钟。待茶汁揉出，外形卷皱，初具条形，即可下机初晒。

（3）初晒。揉捻叶要立即初晒，蒸发部分水分，固定外形。

（4）复炒。把晒叶进行炒热变软，便于复揉成条，散失部分水分。一般采用双锅杀青叶复炒，但温度较低，160～180℃，加盖闷炒1.5～2分钟，待盖缝冒出水气，手握复炒叶柔软，立即出锅，趁热复揉。

（5）复揉。复揉用小型揉捻机揉2～3分钟，中型揉捻机则需4～5分钟，加压须掌握先轻、后重、再轻的原则，但以重压为主。

（6）渥堆。渥堆是将复揉后的茶坯，按级分别用铁耙筑成长方形小堆，边缘部分更要筑紧踩实，促使茶堆温度逐步上升，进行非酶性的自动氧化。一般经3～5天，面茶堆温度达50～55℃，里茶堆温度达60～65℃，茶堆顶上满布水珠，面茶叶面变为黄褐色，里茶叶面变为猪肝色，茶梗变红，即为头次渥堆适度，需要及时翻堆，用铁耙将茶堆挖开，打散茶块，把边缘部分的茶坯翻至中心，堆底部分翻至堆顶，重新筑堆,让茶坯继续进行非酶性的自动氧化。再经 3～4 天,茶堆重新出现水珠,青草气味消失,含水率接近 20% 左右。

(7)干燥。一般堆放在水泥晒坪或晒簟上晒干,待晒至手捏茶叶感到刺手,折梗可断,含水率 13% 即可。

红茶萎凋方式有哪些?

当前常用的有日光萎凋、室内自然萎凋和萎凋槽萎凋等 3 种方式。3 种方式各有利弊,条件允许时可结合使用。

(1)日光萎凋。即利用太阳斜射光、散射光、晴天在早晨或傍晚或遮阳网处理进行萎凋。一般鲜叶均匀薄摊,厚度 1 厘米左右,每 0.5 小时左右翻动一次。晒到叶质柔软,叶面卷缩为适度。日光萎凋的鲜叶必须摊凉后再揉捻。日光萎凋的红茶有一种特殊花香,但由于其易受自然环境条件限制,需要勤翻,生产中不易掌握。

(2)室内自然萎凋。需要在洁净干燥、通风性好的房间内进行,对室内温度和湿度都有较高要求,温度在 21～22℃,相对湿度在 70% 左右为宜。萎凋时间一般控制在 18 小时以下为好,如果空气干燥,相对湿度低,8～12 小时可达到适度要求。由于这种方法萎凋时间长,产量低,不易操作,较少单独使用。

(3)萎凋槽萎凋。将茶鲜叶置于通气槽体中,通以热空气(风温 30～35℃),加速萎凋速度。这种萎凋方法省工省力,又能较好地控制萎凋工艺进程,萎凋质量较好,是目前较为常用的一种方法。

(4)采用以上方法结合萎凋,这是在实际生产中最常用的萎凋方法。

除此以外,冷冻萎凋(鲜叶在 -20℃ 环境条件下冷冻 2 小时,再自然萎凋)、人工控光萎凋(以紫外灯或红外灯或白炽灯或镝灯为光源对鲜叶进行处理)、加压萎凋(萎凋叶进行增压处理)等方式也表现出各自优越性,但用于生产还有待进一步研究。

萎凋程度对红茶品质有什么影响?

萎凋是红茶初制的第一道工序,也是红茶品质形成的基础工序,既有物理方面的失水作用,也有内含物质的化学变化。

(1)若萎凋不足,萎凋叶含水量高,可塑性差,揉捻时易断碎,甚至茶汁流失,揉捻重压时茶叶表面有泡沫,易粘揉桶,且解块困难。制成的干茶条索短碎,茶末多,香低味淡,口感有青涩味,汤色浑浊,叶底花青。

(2)若萎凋过度,萎凋叶含水量少,芽毫枯焦,叶子干硬,黏性小,揉捻时难以成条,且碎茶末增多。这样制成的干茶发酵不匀,条索松抛,色泽灰枯不显毫,汤色叶底偏暗。

(3)萎凋不匀,揉捻和发酵都困难,毛茶外形条索松紧不匀,叶底花杂。

202 如何判断鲜叶萎凋适度？

感官判断：萎凋适度的叶形皱缩，叶质柔软，嫩梗曲折不易脆断。手捏叶片软绵，紧握萎凋叶成团，松手可自行散开。叶表光泽消失，叶色转为暗绿，无枯芽、焦边、泛红。青草气减退，略有轻微花香。

鲜叶萎凋至含水率在59%～63%时最为适度，所制成茶外形、内质最优。季节不同，萎凋程度略有不同。一般春季鲜叶含水量高，萎凋叶含水率掌握适度偏低，59%～61%；夏秋季高温低湿，鲜叶含水率低，容易散发，萎凋叶含水率掌握适度偏高，62%～63%。

 203 揉捻程度对红茶品质有什么影响？

工夫红茶要求外形条索紧结，内质滋味浓厚甜醇，这取决于揉捻过程中芽叶卷紧的程度和叶细胞破碎率。揉捻时要求环境低温高湿，最好温度在20～24℃，相对湿度在85%～90%之间，要求细胞破碎率在80%以上，茶叶成条率90%以上，条索紧卷，茶汁外溢，用手握茶，茶叶发黏。若揉捻不足，条索不紧，细胞损伤不充分，发酵困难，汤色滋味淡薄有青气，叶底花青。若揉捻过度，茶条断碎，茶汤浑浊，香味低淡，叶底红暗。

 204 红茶最适合的发酵环境是什么？

发酵的关键就是要提供最适合的化学变化条件，达到最好的发酵质量，以提高红茶的品质。

（1）温度。一般发酵叶温较室温高2～6℃，有时甚至更高，根据酶活化最适温度、内含物变化规律和品质要求，发酵叶温保持在30℃最适，则气温以24～28℃为宜。

（2）湿度。相对湿度高的条件下发酵质量比湿度低时发酵要好，以相对湿度达到90%～95%左右较好。

（3）摊叶厚度。以8～20厘米为宜，发酵过程中适当翻抖1～2次。

（4）时间。依叶质老嫩、揉捻程度及发酵条件不同而有差异。从揉捻算起，一般春茶季节气温较低，需3～5小时，夏秋季节温度较高，发酵进展快，发酵时间可以大大缩短，需2.5～3小时。

 205 发酵程度对红茶品质有什么影响？

若发酵不足，干茶色泽不乌润，香气不纯，带有青气，滋味青涩，汤色欠红，叶底花青；若发酵过度，干茶色泽枯暗，不油润，香气低闷，滋味平淡，汤色红暗，叶底暗。

红茶发酵的本质是什么？

红茶是全发酵茶，其品质特征的形成取决于鲜叶原料所含化合物的种类，其中对红茶风味影响最为重要的是茶多酚（尤其是儿茶素类）和多酚氧化酶。红茶发酵其实是在以自身多酚氧化酶为主体的催化下，利用空气中的氧气，使多酚类化合物在酶促作用下氧化聚合，形成多种氧化产物。与此同时，其他化学成分也相应发生深刻的变化，从而形成红茶特有的色香味品质。

在发酵开始时，多酚类化合物氧化产物"茶黄素"含量较多。经过一定时间，叶温达到最高峰时，茶黄素含量最高，以后茶黄素进一步氧化成茶红素，叶温开始下降，茶黄素含量逐渐减少。

 红茶干燥方式有哪些？

干燥是茶叶初制过程中十分重要的环节，它不单起到蒸发水分、固定品质的物理作用，而且与促进香气、增强滋味的生化进程有密切关系。茶叶干燥方式可分为热风干燥、辐射干燥和金属传导干燥等类型。

（1）热风干燥。是依靠热空气与茶叶物料的流动接触而干燥，如常见的链板式烘干机、流化床整形平台及箱式烘干提香机等。具有设备结构简单、投资少、物料易装卸的特点，但加热方式是由表及里，其干燥周期较长、热效率低。

（2）辐射干燥。是通过电磁波辐射将热量传递给茶叶，使其升温失水。由于不需要中间介质的接触来传送热能，具有快速、均匀、热能损失少等特点。常见的方式有微波干燥、微波真空干燥、远红外干燥及红外干燥等。

（3）金属传导干燥。主要依靠茶叶物料与加热的固体表面的直接接触而获得能量，达到干燥的目的。

此外，精品茶生产中还可用电或炭火烘笼干燥提香，烘焙设备简单，烘茶质量高，特别是香气好，操作灵便，适于少量的加工，但生产效率低，劳动强度大，不适应大规模生产。

 红茶提香方法有哪些？

提香是通过高温使茶叶中的氨基酸、可溶性糖经羰氨缩合降解产生吡嗪和糠醛类物质，进一步使香气发挥或改善的重要工序。目前生产上使用的提香技术主要有热风提香、炒制提香、远红外提香等方法，大多干燥设备均可用于提香。

 如何制作名优工夫红茶？

（1）萎凋。采用萎凋槽萎凋，萎凋环境要求温度 25 ～ 30℃、湿度 60%～ 80%；

间歇性鼓风,每 3 小时停止吹风 0.5 ～ 1.0 小时。一般萎凋约 12 小时,期间翻动次数不超过 3 次。萎凋适度感官标准:叶色由鲜绿转为暗绿,失去光泽;芽叶失去紧张状态;鲜叶部分青草气消失并散发出一定的清香;叶质柔软,嫩茎折之不断;一般含水率约 60%。

（2）揉捻。选用 45 型、55 型和 65 型揉捻机,其中 45 型揉捻机萎凋叶投叶量为（15 ± 2）千克、55 型揉捻机萎凋叶投叶量为（30 ± 3）千克、65 型揉捻机萎凋叶投叶量为（60 ± 5）千克;揉捻时间控制在 90 ～ 120 分钟,茶叶成条率≥85%。

（3）发酵。采用专用发酵设备,发酵温度 27 ～ 30℃,湿度 85% ～ 93%,发酵时间约 3 小时,期间翻动 1 次。发酵叶表现为青草气消失,出现花果香味,叶色呈黄红色为适度。

（4）干燥。使用链板式烘干机干燥:面积范围（6 ～ 10 平方米）干燥分两次进行,第一次干燥温度进风口温度 120℃,时间 10 分钟左右,叶层厚度 1.5 ～ 2.0 厘米,至茶叶含水率约 25%,下机摊凉 1 ～ 2 小时。第二次干燥温度 90℃,摊叶厚度为 2.0 ～ 3.0 厘米,至茶叶含水率 8% 左右下机摊凉。

使用红茶提香机干燥:干燥分两次进行,第一次干燥温度 120℃,上叶厚度＜1.0 厘米,时间 35 ～ 40 分钟,至茶叶含水率约 25%,下机混匀,摊凉 2 ～ 3 小时。第二次干燥温度 75 ～ 85℃,摊叶厚度为 1.5 ～ 2.0 厘米,至茶叶含水率 8% 左右下机摊凉。

（5）提香。使用提香机提香,厚度 3.0 厘米左右,温度设置在 80 ～ 85℃,至含水率 5% 左右为适度,此时手捏茶叶成粉末,茶梗折之即断。

（6）精选。除去灰、片、末,碎末控制在 2% 以内。精选除去梗片、非茶杂物及茶类级别不相符的茶叶,使纯度达到 95% 以上。按不同等级进行归类和分级。

210　如何初制工夫红茶？

工夫红茶因制工精细,故名工夫,为我国特有,生产历史悠久,产区广阔,分布在主要产茶省。主要有安徽的祁红、云南的滇红、湖北的宜红、四川的川红等地。

工夫红茶制作分为初制和精制。初制茶即条形红毛茶,制作分萎凋、揉捻、发酵、干燥四道工序。各地红条茶的品质虽各有特色,但制作方法基本相同。

（1）萎凋。萎凋方法多样,根据生产实际选择适宜的萎凋方式,掌握"嫩叶适度重萎凋,老叶轻萎凋、宁轻勿重"的原则。

（2）揉捻。揉捻过程中叶细胞破碎率在 80% 以上,茶叶成条率 90% 以上,揉捻时间在 90 分钟以上,才能保证工夫红茶的条索紧结,红汤红叶。须注意萎凋叶回软充分后才可揉捻。

（3）发酵。在适宜的发酵条件下,发酵不能单看时间长短,其应以发酵程度为准。以叶色由青绿、黄绿、绿、红黄、黄红、红、紫红到暗红色,香气由青气、清香、花香、果香到熟香,叶温由低到高再低的变化,综合判断发酵是否达到适度。

(4)干燥。依干燥过程中的理化变化规律,干燥应分两次进行。第一次为毛火,要求"高温、薄摊、快干",以破坏酶的活性为目的;第二次烘干为足火,要求"低温、厚摊、慢烘",使香气充分发展。两次干燥中间适当摊凉。

211 如何精制工夫红茶?

精制工夫红茶是根据其毛茶性状,利用茶叶散落性和自动分级的特性,采取筛、切、扇、捡和干燥等措施,将品质差别较大的红毛茶分离和改造,分成各路、各号、各级的半成品,并通过火工提高内质,再根据成品标准,将筛号茶拼配成各花色等级符合标准的精制工夫红茶。

(1)毛茶验收、定级、归堆。根据进厂毛茶扦取小样进行感官审评和检验确定等级、划分类型、再根据加工取料的要求,将毛茶按等级、品类不同分别归堆入库。

(2)筛切取料。筛分分为圆筛和抖筛,圆筛可以分离出茶叶的长短或大小,抖筛可以分离出茶叶的老、嫩,筛切取料的过程就是把外形不符合成品茶规格的毛茶反复筛切直至符合规格为止。

(3)风选取料。利用风扇的风力来分离工夫红茶毛茶的轻重,并按轻重不同排队,以此来决定茶叶级别的高低。在毛茶筛切的基础上,利用风选取料进行各花色定级。

(4)干燥处理。工夫红茶毛茶含水量高,散落性和自动分级性弱,加工分离较困难。因此,工夫红茶精加工,要采取干燥技术除去多余水分,便于加工分离,同时利用火工提高茶叶香味。

(5)拣剔除杂。工夫红茶毛茶品质混杂,不仅有好坏之分,而且夹杂部分茶梗及非茶类的夹杂物等,有些夹杂物是筛分、风选无法剔除的。因此,工夫红茶精加工时,须采取必要的拣剔措施,剔除夹杂物以提高茶叶净度。

(6)拼配调剂。拼配分为原料拼配和成品拼配两个方面。工夫红茶毛茶拼配是在加工之前,将不同品种、不同产地、不同级别等的毛茶拼配,而后付制。成品拼配是毛茶加工成各类半成品后,将相同级别而不同原料、不同加工路别、不同筛孔的半成品合理地拼配在一起,组成成品工夫红茶。进行拼配就使品质各异的各类毛茶相互取长补短,产品的高低得到平衡。

212 如何初制红碎茶?

红碎茶是我国外销红茶的大宗产品,亦是国际市场的主销产品,我国较好的产区主要为云南、广西、广东、四川、湖北、湖南等。红碎茶鲜叶加工分萎凋、揉切、发酵、干燥四道工序,由于要达到揉切的目的,有些工序的设备、技术条件和要求与工夫红茶有明显的区别。

(1)萎凋。红碎茶萎凋的方法以及对不同季节、不同嫩度的鲜叶的萎凋程度的掌握原则与工夫红茶基本相同。萎凋时间长短受品种、气候、萎凋方法等因素的影响,一般不得少于 6 小时,也不超过 24 小时,以 8 ~ 12 小时为宜。

(2)揉切。揉切不仅是塑造红碎茶外形、内质关键程序,也是传统制法费工最多、劳动强度最大的工序。揉切的方法有传统揉切法、转子机揉切法等。传统制法,一般先揉条,后揉切,要求短时、重压、多次揉切,分次出茶;转子机揉切法,转子揉切机所制红茶比传统揉切法具有揉切时间短、碎茶率高、颗粒紧结、香味鲜浓等优点;不同类型机器组合揉切法,C.T.C机、L.T.P机引进和仿制改进的锤切机,在揉切中具有强烈、快速和持续叶温低的特点,可提高茶黄素的含量,充分发挥各种类型揉切机的优点,达到既卷紧颗粒又充分切细的效果。

(3)发酵。红碎茶发酵的目的、技术条件及发酵中的理化变化原理与工夫红茶相同。由于市场对红碎茶要求香味鲜浓,尤其是茶味浓厚、鲜爽、强烈,收敛性强,富有刺激性的品质风格。当发酵叶色开始变红,呈黄或黄红色,青草气消退,透发清香至稍带花香为适度。若出现苹果香,叶色变红则发酵过度。

(4)干燥。干燥的目的、技术以及原理与工夫红茶相同,仅在具体措施上有所区别。由于揉切破坏叶组织的程度较高,多酚类的酶促氧化十分激烈,需要迅速高温破坏酶的活性,防止酶促氧化并迅速蒸发水分,避免湿热作用引起的非酶促氧化。就目前而言,多数采取两次干燥为宜。毛火温度 110 ~ 150℃,采用薄摊快速干燥,烘至八成干(含水率 20％左右),足火 95 ~ 100℃,烘至足干,含水率 5％。

213 如何精制红碎毛茶?

红碎茶体型较小,吸湿力强,市场上对红碎茶规格要求叶、碎、片、末四个花色规格分明。红碎毛茶的精致分为以下几个步骤:

(1)毛茶归堆、付制。毛茶归堆是按标准样,以内质为主,结合外形审评定堆。品质优次是随鲜叶级别和揉切筛分先后而依次下降。毛茶归堆大致有三种方式:依嫩度归堆,对品质正常的毛茶,按鲜叶级别即嫩度高低分级归堆;依外形归堆,以毛茶外形颗粒、色泽和净度分堆;依内质分堆,按香气、汤色、滋味和叶底的嫩度分堆。实际中多以内质高低为基础,外形净度、色泽好的为第一副堆,差的为第二副堆。

(2)筛制程序。红碎茶的品质在鲜叶加工中已形成,毛茶加工主要是分清花色。因此,筛制程序比较简单,方法不尽统一,差别很大。

(3)成品拼配及匀堆装箱。红碎茶经筛制后,基本已经把规格、型号分开。但仍需要根据茶号、品质决定是否拼配,以调剂品质。成品拼配按外形定规格,内质定档,形状相近归并的原则。拼配小样,做到各规格分清,并审评符合标准后,进行补火、匀堆、装箱。

214 红茶甜香、花香的产生机理是什么?

鲜叶中芳香物质以具青草气的青叶醇为主。在红茶制作过程中,特别是发酵过程,鲜叶中的芳香物质在含量和种类上发生了非常复杂的变化。

首先由于萎凋过程的失水和呼吸作用,细胞透性增大,某些酶类开始活跃,使以糖苷形式存在的结合型香气化合物(如青叶醇、芳樟醇、芳香醇等)与其相应的酶作用,香气化合物游离出来;另一方面,一些大分子物质如脂肪、蛋白质、多糖等趋于水解,其水解产物又提供了形成该香气成分的先质。在揉捻(切)过程中,茶叶组织和细胞破碎,其中的化学成分和酶得到充分混合,开始发生各种化学反应。发酵过程中,由于空气中的氧气和茶叶中的酶及其基质间的反应,从而引起了茶叶香味的形成,在此阶段,已形成了红茶特有的基本风味。红茶制作最后阶段的干燥是脱水和钝化酶的过程,高温热化学作用使挥发性化合物显著散失,另一方面,由加热而生成的香气如醛类、内酯类物质增加,最后形成了红茶的甜香、花香。

215 黑茶初加工工艺流程是什么?

黑茶初加工工艺流程为杀青、揉捻、渥堆、干燥。

(1)杀青。杀青中利用高温破坏酶的活性,以防止多酚类物质的酶性氧化。由于新梢较老,水分含量低,不易杀匀杀透,所以在杀青前应先洒水。

(2)揉捻。黑茶揉捻分初揉和复揉两次。初揉是在杀青后进行,趁热揉捻,使大部分粗大茶叶初步皱折成条,茶汁溢附于叶面,叶细胞破损率达20%以上,为渥堆的理化变化创造条件。复揉是在渥堆后进行,因渥堆之后茶条发生回松现象,需要再经复揉使茶条卷紧,从而增进了外形和内质。

(3)渥堆。渥堆是制作黑茶的特有工序,对黑茶品质的形成起着决定性的作用。渥堆适宜的环境条件在室温在25℃以上,相对湿度保持在85%左右。在水分、温度和氧气的作用下,使叶内所含物质发生理化性质变化,叶色变为黄褐,青涩味减轻,形成黑毛茶特有的色、香、味。

(4)干燥。对经过渥堆工序,然后解块复揉后的茶坯即时干燥。黑茶传统的干燥方法有别于其他茶类,采用松柴明火烘焙,分层累加湿坯和长时间一次干燥法,使黑茶形成油黑色并带松烟香。

216 黑茶渥堆的目的是什么?

黑茶初制工艺中,渥堆是形成黑茶特有品质的关键工序,其目的是促使粗老的鲜叶原料通过一定形式的发酵作用,形成叶色黑润、滋味醇和、香气纯正或带陈香、汤色红黄明亮的品质特征。黑茶渥堆以微生物的活动为中心,通过生化动力——胞外酶、物化动力——微生物热与茶坯水分相结合,以及微生物自身代谢的综合作用,促进一系列复杂的生化变化,塑造黑毛茶特征性的品质风味。

217 如何制作湖北青砖茶?

湖北青砖茶(图74)历史悠久,因砖面青褐而得名,属于黑茶类。"茗茶经传承而延六百年……叶如浮云吞气,汤若明月泄光。沫同晴云涣散,色比琥珀红黄。既闻香于幽远深旷,亦尝味于清醇绵长"(引自《长盛川赋》)便是对其优异品质的文学性描述。湖北青砖茶主要制作工序包括原料采摘、初制、渥堆、陈化、复制、拼配、成型和烘包。

图74 长盛川湖北青砖茶

(1)原料采摘。如长盛川湖北青砖茶原料选取鄂西南武陵山区富硒、低氟、无农残、海拔800米以上的茶鲜叶,积极推进机械化采摘模式,执行优选嫩选的分级、分季采摘标准,保证源头品质。

(2)初制。包括杀青、初揉、初晒、复炒、复揉工序。①杀青,采用炒青工艺。杀青温度300℃左右,当叶色变为暗绿色,叶质柔软,显出清香时即为杀青适度,可趁热揉捻。杀青中对鲜叶按嫩度分级处理,解决了杀青过轻或过重的技术难题。②初揉,掌握揉捻力度,当茶汁揉出,叶片卷皱,初具条形,即可下机初晒。③初晒,初制毛茶干燥采用晒干方式,做到薄摊速晒,过程中要勤于翻动。待茶叶晒到略感刺手时,即可收堆。④复炒,锅温160℃左右,感觉柔软,即迅速复揉。⑤复揉,为进一步紧条和破损叶细胞,以重压为主,3～5分钟。

（3）渥堆。茶叶筑成方形小堆，待堆温达到60℃，持续3～7天，即可翻堆。周期内翻堆2～3次，待青草气消失，即可自然干燥。

（4）陈化。通风、干燥、无异味环境下存放半年以上。

（5）复制。茶叶按使用要求进入各复制设备，挑拣出杂质，按照茶叶轻重、长短、粗细、色泽的差异，分选出不同等级茶叶。

（6）拼配。以专业的感官审评结果为依据，调配复制分选出的不同等级茶叶，以获得色、香、味、形俱佳的产品。

（7）成型。拼配完成的茶叶将入模蒸压、冷却定型。

（8）烘包。在35～60℃范围内，阶段性均衡烘干，烘干后冷却放置1～2天，即可包装。

218 影响青砖茶渥堆的关键因素有哪些？

渥堆是青砖茶生产的关键工序。将茶叶做成方形堆，在一定的湿热条件、微生物作用下，原料内含物质进行充分的转化，形成砖茶特有的色、香、味。影响渥堆的关键因素主要有适宜的洒水量、适度的堆温和渥堆周期。洒水发酵时，视原料等级控制茶堆含水率，一般控制在30%～50%。渥堆期间，根据原料等级控制堆温，待堆温达到60℃，持续3～7天，即可翻堆。周期内翻堆2～3次，以达到渥堆均匀的目的。

219 青砖茶拼配需要什么关键技术？

青砖茶的拼配主要有两个方面关键技术：感官审评和理化指标。感官审评是对各批原料的色、香、味、形进行专业审评，依据其各自的特点进行合理拼配，以达到最佳的口感。各批原料的理化指标，合理拼配后要保证产品的各项指标符合食品安全的要求。

220 青砖茶的干燥工序要注意哪些问题？

青砖茶干燥一般有两种方式：电烘和蒸气烘干。在干燥过程中，需要注意摆砖方式、烘房温度及出入烘时间等因素。

（1）茶砖进入烘房（图75），砖片码垛，砖垛间、砖垛与墙面、天花板保持一定距离，以利于空气流动。

（2）茶砖码垛后，凉置1～2天，使砖片内外水分均匀后，采取阶段性均衡升温措施，温度范围控制在35～60℃，以达到烘干均匀的效果。期间切忌温度骤升，而导致茶砖松泡、出现裂痕，影响美观。一般烘至5～6天，使茶砖含水率降至12%以下后，应停止加热。冷却1～2天后取出茶砖，即可包装。

（3）烘房内的排水、排气通道也要保证通畅。

图 75　黑茶烘房

　如何评判青砖茶质量的好坏?

例如:湖北青砖茶质量的好坏,一般从外观和内质两个方面来进行判断。质量较好的茶砖,外形要求压制紧凑,棱角分明,砖面光滑,字迹清晰,不含非茶类杂物等;内质要求开汤后汤色橙红、陈香馥郁、滋味醇厚、叶底暗褐。

　什么是"三砖三尖"?

"三砖三尖"是指黑茶品种,有紧压茶和散装茶之分。紧压茶有茯砖、花砖、黑砖,散装茶有天尖、贡尖、生尖。

　如何制作黑砖茶?

黑砖茶(图 76)制作过程分为称茶、蒸茶、装匣预压、紧压、冷却定型、退砖、修砖、检砖、干燥、包装等工序。

（1）称茶。为使每块砖茶重量相对一致,因此必须根据茶坯含水量折算后,准确称茶。

（2）蒸茶。茶坯要蒸透、变软,增加黏性,以便压紧成砖。蒸气温度 102℃,蒸气压 6 千克/厘米², 蒸 3 ～ 4 秒,使茶坯含水率达 17% 左右。

（3）装匣。先在匣内放好硬木衬板和铝底板,搽点茶油,以免粘砖。然后装茶入匣,趁热扒平,四角和边缘稍厚,中心稍薄,使压成砖后,棱角分明,端正美观。趁热盖好搽了茶油的"花板"(刻有文字和花纹的模板)。

（4）预压、压砖。将装好茶坯的茶匣推到预压机下预压,预压的目的是压缩茶坯体积。第二次装匣将预压后的茶匣推到第二个蒸茶台下,接装第二片茶坯,每匣压砖 2 片,以提高工效。压砖时使用摩擦轮压力机,压力为 80 吨,压紧后上闩固定。

(5)冷却定型、退砖。将紧压后的砖匣移置凉砖车上冷却,使形状坚实固定,一般冷却需 2.0 ～ 2.5 小时,最短也不得少于 100 分钟,以保证定型,再按压制先后依次退砖,用小摩擦轮退砖机退砖,降下机头顶出砖片。

(6)修砖、检砖。用装有 4 个刀片的修砖机修平砖片,使边缘整齐。同时观察每片砖厚薄是否一致,花纹是否清晰并检验单片重量和含水率。

(7)烘砖。将砖片整齐排列在烘架上,送入烘房,开始烘温为 39℃,前 3 天,每隔 8 小时升温 1℃;第 4 ～ 6 天,每隔 8 小时升温 2℃;以后每隔 8 小时升温 3℃,最高温不超过 75℃,注意通风换气,一般烘 8 天左右,砖片含水率降至 13% 以下时,即可出烘房。

(8)包装。每片砖均用商标纸包封,再装入麻袋,每袋装 20 片。

图 76　黑砖茶

　如何制作茯砖茶?

茯砖茶(图 77)的原料是黑毛茶,特制茯砖用三级黑毛茶压制,普通茯砖用三、四级黑毛茶和其他茶拼配后压制。茯砖茶的压制过程为称茶、蒸茶、紧压、定型、验收包装、发花干燥等工序。

制作步骤与黑砖茶基本相同,区别在于烘干阶段茯砖茶特有的发花工序。发花时砖片整齐间隔排列在烘架上送进烘房,前 12 ～ 15 天为"发花期",后 5 ～ 7 天为干燥期,全程以 20 ～ 22 天为宜。发花期温度保持 26 ～ 28℃,相对湿度保持75% ～ 85%,以利于曲霉孢子繁殖,产生大量黄色颗粒状孢子,使茯砖内生成许多金黄色的花斑,俗称"金花",金花越多品质越好。发花期过后,进入干燥期,温度必须逐渐上升,每天升温 2 ～ 3℃,先慢后快,最高升至 45℃。待砖坯水分降到 14.5%

时,开窗冷却出烘,最后进行包装。

图77　茯砖茶

 如何制作花砖茶？

花砖茶(图78)和黑砖茶的压制工艺完全相同,只是花砖的原料品质稍优于黑砖,砖面压印的图案不同而已。花砖茶全部采用三级黑毛茶为原料,而黑砖茶则是以三级黑毛茶为主,拼入部分四级黑毛茶。

图78　花砖茶

 如何制作天尖、贡尖和生尖？

天尖、贡尖、生尖加工技术较为简单,原料经过筛分、风选、拣剔、高温气蒸软化、揉捻、烘焙、拼堆、包装等工序,即为成品。

天尖以一级黑毛茶为主拼原料,少量拼入二级提升的毛茶。贡尖则以二级黑毛茶为主,少量拼入一级下降和三级提升的原料。生尖用的毛茶较为粗老,大多为片状,含梗较多。

227 茯砖茶中的"金花"是如何产生的?

"发花"是茯砖茶制造的独特工艺,是通过控制一定的温、湿度条件,促使微生物优势菌的生长繁殖,这些优势菌(冠突散囊菌)会产生黄色闭囊壳(俗称"金花")。"金花"是茯砖茶的主要品质特征,因此根据"金花"的质量和数量来判断茯砖茶品质的优劣。

228 茯砖茶中的"金花"有什么作用?

砖茶制作过程中,由于冠突散囊菌的大量繁殖,释放胞外酶催化多酚类氧化,儿茶素各组分发生氧化聚合,从而减少了茯砖茶的粗涩味,增加了醇和的滋味,并且由于冠突散囊菌等微生物的大量参与,形成了茯砖茶特有的菌花香。茯砖茶中"金花"的存在,使得茯砖茶液可促进淀粉的酶解和胃蛋白酶、胰蛋白酶对蛋白质的酶解,有利于淀粉、蛋白质的消化吸收,改善人体肠胃功能,抑制脂肪在消化系统中的降解、吸收,有利于人体的降脂减肥。

229 黑砖茶、茯砖茶和花砖茶之间有何区别?

传统黑砖茶、茯砖茶和花砖茶每块均重 2 千克,呈长方砖块形,长 35 厘米,宽18.5 厘米,厚 3.5 厘米,砖面平整光滑,棱角分明。

黑砖茶香气纯正,汤色黄红稍褐,滋味较浓醇;花砖茶四边压印斜条花纹,香气纯正或带松烟香,汤色橙黄或红黄,滋味醇和;茯砖茶砖面色泽黑褐,香气纯正,滋味醇厚,汤色红黄明亮,叶底黑褐尚匀,耐冲泡,干嗅有黄花清香。

230 乌龙茶基本加工工艺流程是什么?

乌龙茶属于半发酵茶,结合了红茶与绿茶初制的工艺特点,制作工序可分为晒青(也称萎凋)、做青(也称摇青)、杀青、揉捻、干燥等。

(1)萎凋。一般采用日光萎凋(气温较低,不超过 22～28℃;晴天一般在 15:00—18:00 进行),大规模生产中用萎凋槽萎凋,生产效率高,不受气候限制,萎凋质量稳定,与日光萎凋有相同的效果。当叶面失去光泽,叶质柔软,顶 2 叶下垂,青气减退,青香显露时,萎凋适度。

(2)做青。做青是摇青与静置交替的过程,兼有继续萎凋的作用。其过程是叶细胞在机械力度作用下不断摩擦损伤,形成以多酚类化合物酶性氧化为主导的化学变化,以及其他物质的转化与积累的过程,逐步形成花香馥郁,滋味醇厚的内质和绿叶红边的叶底。摇青次数、转数与每次间隔时间要根据品种、气候、晒青程度不同灵活掌握。

（3）杀青。做青适度的茶叶应及时炒青，利用高温破坏酶的活性，巩固做青形成的品质，散发青气，增进茶香，蒸发部分水分，使叶质柔软，便于揉捻造型。以炒熟炒透，不生不焦为原则。炒至叶色转暗绿，叶张皱卷，手握炒青叶有黏感，叶质柔软时，炒青适度。

（4）揉捻。炒青叶趁热揉捻，掌握热揉、重压、快速、短时的原则，中间适当解块，避免茶团因高温高湿而产生闷味，揉至茶汁外溢，茶条紧直。

（5）干燥。分为初干和足干。烘干机初干温度高（120℃左右），时间短，使茶叶达到四成干，叶内含水率约25%；经摊凉后使用100℃左右温度足干，烘至含水率为6%为足干。

231 乌龙茶有哪几种典型代表？

乌龙茶主产于福建、广东和台湾三省。福建乌龙茶又分为闽北和闽南两大产区。闽北主要是武夷岩山、建瓯、建阳等县（市），以武夷岩茶为极品。闽南主要是安溪、永安、永春、南安等县，以安溪铁观音久负盛名。广东乌龙茶主要产于汕头地区的潮安、饶安、梅州等县，以潮安凤凰单枞和饶平岭头单枞品质为佳。台湾乌龙茶主要产于新竹、桃源、台北、文山等县，有乌龙和包种。

（1）武夷岩茶特征为外形条索肥壮紧结匀整，带扭曲条形，叶背起蛙皮状沙粒，色泽绿润带宝光。内质香气馥郁悠长，具岩骨花香；滋味醇厚仙滑，回甘润爽，独具"岩韵"；汤色橙黄，显金圈；叶底柔软匀亮，边缘朱红或起红点，耐冲泡。武夷岩茶又分为大红袍、名丛、肉桂、水仙、奇种等系列。

（2）铁观音一般品质特征为外形条索紧结沉重卷曲，呈青蒂绿腹蜻蜓头，色泽油润，稍带砂绿，香气浓郁高长，汤色橙黄清亮，滋味醇厚回甘，特称"音韵"，叶底柔软红点显。闽南青茶按生产产品的鲜叶原来的茶树品种分为铁观音、黄金桂、本山、乌龙、色种等。

（3）广东青茶的花色品种主要有单枞（岭头单枞和凤凰单枞）、水仙、乌龙（主要有石古坪乌龙茶、大埔西岩乌龙茶）及色种茶（主要有大叶奇兰茶、八仙茶、梅占茶、金萱茶等）三大类别。

（4）台湾青茶依发酵程度分为轻发酵、中发酵和重发酵。其中，轻发酵属于高香型，以文山包种茶、冻顶乌龙等为代表；中发酵属于浓味型，焙制时间长，如铁观音；重发酵属于乌龙茶型，由嫩叶加工而成，外形显白毫，称白毫乌龙茶。

232 哪个季节的乌龙茶品质最好？

不同采制季节对乌龙茶品质影响尤为重要，一般以春茶品质最好，秋茶次之，而夏暑茶品质最差。

春茶之所以最佳,是因为经历一冬的休眠期,使得茶树体内积累了丰富的营养;且春季的温暖气候与充沛的雨量也利于茶树氮代谢的进行,使得氨基酸、茶氨酸、芳香物质等含量较高,而影响乌龙茶香味的酯型儿茶素、花青素等成分则相对较低。所以春季乌龙茶香气清高远扬、滋味浓厚甘爽,品质最佳。

夏暑高温条件下,茶树体内碳代谢旺盛,有利于形成乌龙茶良好香气的萜烯类物质及具有优雅香气的紫罗酮物质明显减少,影响香味的茶多酚、酯型儿茶素、花青素等物质因素增加,所以乌龙茶夏茶香气低淡,滋味苦涩,品质较差。

秋季昼夜温差较大,有利于花果香型芳香物质的形成于积累,特别是苯乙醛和苯乙醇,使得香气尤为高锐持久,所谓"秋香显露"。但秋季少雨,茶鲜叶中构成茶滋味的内含物质明显少于春茶,因而乌龙茶的秋茶滋味淡薄,不耐冲泡。

 黄茶基本加工工艺流程是什么?

黄茶有杀青、闷黄、干燥三道基本加工工序。揉捻不是黄茶必经工序,因黄茶品类不同而不同。

(1)杀青。利用高温杀青,彻底破坏酶活性,杀青过程中适当多闷少抛,创造湿热环境,促进内含物向利于黄茶品质形成方向发展,形成黄茶特有的色、香、味。

(2)闷黄。闷黄是黄茶加工所独有的,也是形成黄茶品质的关键工序。依各地黄茶闷黄工序先后不同,沩山毛尖是杀青后闷黄,鹿苑茶是揉捻后闷黄,蒙顶黄芽闷炒交替进行,君山银针是烘闷结合。无论顺序如何,均是使茶坯在湿热条件下发生热化学变化,使叶子全部均匀变黄。

(3)干燥。黄茶干燥一般采用分次干燥,先将闷黄后的叶子在较低温度下烘炒,此阶段水分蒸发慢,有利于内含物质在湿热作用下进行缓慢转化,以进一步促进黄汤黄叶的形成;再利用较高的温度烘炒,固定已形成的黄茶品质。

 白茶基本加工工艺流程是什么?

白茶是我国六大茶类之一,亦是福建省的特种外销茶。传统的白茶不炒不揉,初制为萎凋和干燥两道工序,成品茶质量的优劣关键在于萎凋。

(1)萎凋。散失水分,促进叶片内含物发生缓慢水解、氧化等化学变化,形成白茶外形内质特征,一般萎凋至含水率20%左右,现代工艺中萎凋分为自然萎凋、室内萎凋和复式萎凋。不同白茶种类,白毫银针、白牡丹、寿眉、新工艺白茶所采用的萎凋方式与萎凋时间不同。鲜叶摊好萎凋过程中尽量不用手翻动以免茶叶受损变红。

(2)干燥。白茶的烘焙以天气及萎凋程度灵活掌握。晴天一般不进行烘焙,自然萎凋后,把"小堆"过的茶叶重新摊薄晒干,利用日晒,提高茶叶的干度,虽然含水率基本达不到国标要求的 7% 以下，但品饮风味独特。阴雨天萎凋叶六到八成干时，下筛烘焙。传统工艺中有炭焙和干燥机烘焙两种。炭焙：传统焙笼炭火干燥，温度 45～55℃，文火一段时间再足火干燥，火候掌握要求高，成功率低。机械干燥：随着量产化，炭焙、晒干过于耗时耗力，用机械设备代替，如烘干机、提香机等。

235 白化茶树鲜叶加工而成的茶叶属于什么茶？

白化是指在特定的情况下，茶树鲜叶可能因为某些原因导致叶绿素无法正常发育而形成叶片白化的现象。多数白化新梢都具有氨基酸含量高、茶多酚和咖啡碱含量适中的特点，是优质绿茶的良好原料。这类白化的茶树鲜叶经过绿茶工艺加工后，称之为"白茶"，如安吉白茶，但实际上它是绿茶的一种。如果白化的茶树鲜叶经过白茶工艺加工，则为白茶。具体茶类按鲜叶加工工艺来区分。

六、茶叶贮运、包装和销售管理

236 茶树鲜叶贮运过程中要注意哪些问题?

(1)采摘的鲜叶最好用竹编网眼篓筐盛装,避免使用布袋、塑料袋等透气性差的工具装运,以防鲜叶发热红变,影响茶叶质量。

(2)装运鲜叶时,切忌为了多装而挤压茶叶,造成发热和机械损伤。

(3)装运鲜叶的器具,如竹篓、麻袋、箱子等都要清洁,不能有异味,且每次用过之后都要清理干净,不能有鲜叶余留。

(4)采摘的鲜叶要及时送至茶厂进行后续加工处理,避免长时间堆积存放引起鲜叶变质。

237 茶树鲜叶保鲜技术有哪些?

(1)传统鲜叶保鲜技术。茶园中遵守"轻采、轻放、勤收、勤送"的原则;运输时采用通风、透气的竹篓、竹筐盛装;进厂后立即将鲜叶均匀抖散,要求贮藏环境清洁、阴凉、透气,避免阳光直射;鲜叶薄摊时,通过连续通风增湿,保持鲜叶正常叶温及含水率,达到保鲜效果。

(2)低温冷藏技术,指在0℃或略高于茶鲜叶冰点的适宜低温(5℃)环境下,对茶鲜叶进行贮藏保鲜。实际生产中,可利用冷藏车将高山上的优质鲜叶运至更远的厂区,有条件的茶厂也可增设调温冷藏贮放车间,用于处理来不及加工的鲜叶,以缓解生产高峰期压力。注意在运用低温冷藏技术时,可先采取摊放强制通风等措施,对鲜叶进行预冷处理。

(3)气体调节技术,是指在冷藏基础上,通过改变贮放环境中的气体组成,来提高二氧化碳浓度,降低氧气浓度,从而抑制鲜叶呼吸作用、水分蒸发和微生物侵染。此项技术目前在茶叶上尚处于试验阶段。

238 干茶贮运过程中要注意哪些问题?

(1)干茶在贮运过程中要注意防潮、防霉、防污染。茶叶须贮存在专用仓库中,仓库要干燥、通风、隔热。要按品名、等级单独成堆。

（2）装运茶叶的运输工具须清洁、无毒、无异味，不得与其他有毒、有异味的物质同车装运。当装载茶叶的车厢受外来其他气味影响时，要及时采取通风等相应措施。运输途中要注意防雨、防潮、防污染。

（3）运输名优茶最好用棚车或集装箱。为确保名优茶及时上市，缩短贮运和中转时间，防止丢失损坏，最好用专车直达运输。装卸车做到文明装卸，快装快运。

（4）运输包装必须牢固、整洁、防潮，堆装的茶叶周围用草席、帆布等做铺隔。装运前须进行茶叶质量检查，在标签、货号和货物三者符合的情况下才能运输。

（5）严格控制车厢内的温度与湿度，防止车厢出汗。必要时，进行有效的通风换气。

（6）茶叶装卸时，要防止茶叶包装破损；堆码时，要垫垛，但又不能过高堆码，以防将真空包装压爆。整个贮运过程，确保茶叶不受挤压和撞击，以保持其原形、本色、真味。

239 干茶贮藏保鲜技术有哪些？

（1）冷藏保鲜，即把茶叶放置于持续、稳定、避光、干燥的人工制冷低温环境，从而抑制茶叶中氨基酸、多酚类等物质的氧化反应，达到延长保鲜的目的。一般采用−5 ～ 5℃的温度保存。名优茶贮藏温度通常应低于5℃，最好贮藏在冷库或冷柜中。

（2）除氧和充氮保鲜，即将茶叶包装袋中的大部分氧气除去，填充氮气，使茶叶贮藏的微环境处于无氧或缺氧状态，从而有效减缓茶叶陈化速度。该技术在绿茶保鲜领域应用前景广阔，但对相关设备要求较高，投资较大。

（3）包装保鲜，即利用具有良好密封、阻气、隔氧等性能的包装材料进行茶叶保鲜。目前，绿茶包装材料多选用复合薄膜袋，如聚丙烯/聚乙烯、聚酯/聚乙烯、尼龙/聚乙烯、聚酯/铝箔/聚乙烯等复合材料都具有良好的防潮保鲜效果。其中以铝箔复合袋保鲜效果最好。

240 绿茶如何存放？

（1）瓦罐贮茶法。此法古代就有，明人冯梦祯《快雪堂漫录》云："实茶大瓮，底置箬，封固倒放，则过夏不黄，以其气不外泄也。"注意茶叶含水率不能超过6％，若湿气重，可用生石灰除湿。

（2）罐藏法。容器选用装糕点或其他食品的金属盒、箱、罐，注意茶要干燥，袋口封好。此法简单，取用方便。

（3）塑料袋贮茶法。选用密度高、高压、厚实、强度好、无异味的食品包装袋。茶叶可以事先用较柔软的食品用纸包好，然后置于食品袋内，封口即成。

(4)热水瓶贮茶法。将绿茶放入闲置的保温热水瓶中,盖好瓶塞,用蜡封口。

(5)冰箱保存法。先把绿茶装入密度高、高压、厚实、强度好、无异味的食品包装袋,再置于冰箱冷冻室或冷藏室,注意袋口一定要封牢、封严实,以防回潮或串味。此法保存时间长、效果好。

 红茶如何存放?

(1)存放红茶最好选用铁质或锡质的听罐。因铁质或锡质听罐,不仅密封性强,而且防潮性好,可有效防止红茶变质。袋装的话,宜选用复合薄膜袋。

(2)避免用存放过其他茶类的容器贮存红茶。存茶罐置于洁净、防潮、避光的地方。茶叶尽量填满罐中,以减少罐中空气含量,延长红茶保质期。

(3)为确保红茶香气品质,存放过程中,不得与有其他气味的物品接触或置于一处。存取茶叶人员,不得使用有气味的化妆用品。

(4)存放温度要求在20℃以下即可。

 黑茶如何存放?

黑茶适宜存放在阴凉、干燥、通风的地方,推荐存放于陶瓷和陶缸中。先用宣纸和无异味的吸潮纸把茶叶包好放入陶缸中,再在缸口盖上牛皮纸遮挡灰尘。存放避免受到阳光直射、雨淋及其他污染。注意不和其他茶类混合存放,生茶和熟茶分开存放。存放上等黑茶,除对茶质和制作工艺讲究外,还需要保持恒温、恒湿、无异味,以利于黑茶进一步发酵。因黑茶属于后发酵茶,后期陈化过程中,通过微生物、湿热氧化等作用的影响,茶叶中的物质慢慢转化,大分子物质变成对人体有益的小分子物质。苦涩味物质减少,呈甜物质增多,汤色愈发红亮,口感愈加细滑,品质和保健功效也相应提高。

 白茶如何存放?

白茶素有"一年茶、三年药、七年宝"之称,作为中国茶类中的特殊珍品,白茶以其独特的功效和收藏价值得到越来越多人的关注与喜爱。白茶的保存,一般须注意以下几点:①常温保存。白茶保存的理想温度在4～25℃,也就是常温保存即可,无须冷藏。②密封包装,且要求装茶的密封袋或容器无毒、无异味、防潮。③保存的环境要求无异味、无臭、无毒。

 茶叶包装有哪些要求?

(1)要求质级相符,按级定量包装。市场上零售的茶叶包装量以不超过500克为宜;高档名优茶包装量以50～250克为宜。包装茶及包装材料的含水量均低于 6%。

（2）包装内容应符合国家食品标签标准规定，标明品名、质量等级、净重、出品单位和地址、产品标准号、卫生许可证、保质期、生产日期以及条形码等。包装设计力求集广告宣传、艺术欣赏、礼品器具等功能于一体。品牌标签文字优美，使用外文规范，商标突出，字形、符号、图案得体。

（3）包装牢固，防潮性能佳，品用方便，便于运输和仓储。

245 茶叶包装材料有哪些种类？

（1）复合薄膜袋包装，包括聚乙烯 / 聚偏二氯乙烯 / 聚乙烯、双轴拉伸聚丙烯 / 铝箔 / 聚乙烯、防潮玻璃纸 / 聚乙烯 / 纸 / 铝箔 / 聚乙烯等，常用于茶叶产品独立包装中。具有价格便宜、热封性好、不易破损、质量轻等特点。

（2）纸袋包装，常用于袋泡茶。材质一般为薄滤纸，这种包装能够连同包装内的茶叶一起浸泡，多被用于保健茶的包装设计中。

（3）金属罐包装，一般为镀锡薄钢板材质。具有良好的密封性、防潮性和防破损性能，多用于礼品盒中的小包装和简单的单独包装中。但成本较高，运输费用也较大。

（4）纸复合罐包装，由金属上下盖与胶版纸、聚乙烯、纸板铝箔复合制成。具有质轻、可塑性强、防水、防潮、易回收等特点。

（5）竹盒与木盒，多被作为礼品包装来使用。密封效果较差，需要配合选用铝箔复合袋进行内部包装。

246 茶叶消费群体主要有哪些特点？

（1）从年龄上来说，以中老年消费群体为主。很多中老年人爱喝茶，懂得品茶，他们是中国茶文化传承的重要份子，通常也是一家茶叶店的主流客户。

（2）从性别上来说，大多是男性消费群体。

（3）从经济上来说，主要是经济收入较高的人群和文化消费者。

（4）80 后、90 后年轻人成为茶叶市场潜在消费群体。在各大茶庄、茶店、茶馆均出现许多 80 后、90 后年轻人的身影。消费群体年轻化不仅拉动了消费，而且也带来了消费观念和口味的明显改变。

247 茶叶主要有哪些销售渠道？

（1）集市贸易。较原始，多在茶叶原产地，生产者将自己的茶叶送到集市上摆摊销售，新产品单一，多为散装、初制茶。价格低廉，季节性强。

（2）批发市场。批发市场上交易的商户，产区市场以生产者为主，销区市场以中间商居多。

(3)交易会。如展览会、博览会、展示会、斗茶会、订货会等。以交流信息、展示产品、客户订货、结识朋友、宣传企业为主要目的。

(4)茶馆销售。既泡茶又卖茶。俗话说:"茶馆天地小,茶叶市场大。"茶馆是销售茶叶的好地方。

(5)商场专柜。方便顾客选购。

(6)专卖店。销售各种小包装茶、品牌茶、礼品茶、散装茶。目前,正逐步由多品牌向独创品牌转变,由单一向连锁、加盟和产加销一体化转变。

(7)超市货架。目前,许多进入超市的茶叶品牌,知名度不高,消费者对产品质量缺乏认知,产品易遭到淘汰。

(8)电子商务。茶叶通过电商渠道销售可以减少中间成本,降低价格,但同时也陷入价格战,导致多数茶叶电商企业盈利困难。

(9)团购。

 248 **茶叶主要有哪些消费形式?**

(1)家庭消费。是茶叶的主流消费形式。经济收入高的家庭,主要消费价格较高的名优茶,消费量也大;一般居民以消费大众优质茶为主。

(2)团体消费。①机关、企事业单位的团体消费:工作会、招待会、联欢会、新闻发布会以及各种其他的人员来往用茶。②茶友会:"以茶会友,以茶联谊",以茶为媒,共享茗趣,休闲娱乐,增进交流。

(3)日常工作消费。指从事日常工作时的饮茶消费。茶是最经济实惠的饮料,劳保消费的市场潜力很大。

(4)礼品消费。礼品茶的需求日益扩大,市场红火,茶礼品包装不断翻新。名优茶、茶具成为礼品消费的一个热点。

(5)餐(宾)馆消费。一种是收费的,一种是不收费的。但餐馆里的茶叶质量普遍偏低,服务员泡茶的技艺也不到位。

(6)休闲消费。茶楼、茶馆、茶座、茶坊、茶庄等休闲场所的茶叶消费。

(7)旅游消费。主要是泡茶、卖茶和茶饮料的消费。现在中国名茶中间效益较好的西湖龙井、普洱茶、黄山毛峰、碧螺春等都是与当地的旅游资源结合开发的典范。

(8)工业消费。饮料工业,如茶汁、奶茶、冰茶、茶酒等;食品工业,如茶糖、饼干、糕点、食品保鲜剂等;医药工业,如开发具有降血脂、抗菌消炎、减肥美容、抗辐射等特殊功效的功能性保健药物。

(9)收藏消费。曾掀起的"普洱茶热"使得一大批黑茶爱好者成了普洱茶收藏者。

249 茶艺馆对场所环境有什么要求?

茶艺馆的布置、陈列要讲究情调。茶室陈设通常讲究古朴、雅致、简洁,气氛悠闲,富于文化气息,清雅宜人。来到茶室,即进入宁静安逸之地,超凡脱俗。茶艺馆外部装修追求典雅别致,内部装饰和桌椅陈设力求幽静、雅致,四壁或柱上可悬挂书画或雕刻,在适当的位置可摆放盆景、插花以及古玩和工艺品,也可摆设书籍、文房四宝以及乐器和音响。总之,品茗环境追求一个"幽"字。幽静雅致的环境,是品茶的最佳选择。清洁、幽静、雅致,是对茶馆环境的基本要求。嘈杂、不洁之地,是领略不到品茶真情趣的。

250 如何做一个合格的茶叶销售人员?

一个合格的茶叶销售人员,首先应掌握基本的茶叶常识。对茶叶栽培、加工、分类、审评、茶艺、茶具、茶文化等各方面知识都有一定了解。清楚店内所有产品的规格、价位、特点以及各个产品之间的区别,能够回答顾客的各种问题。此外,茶叶销售人员必须时刻保持良好的形象,穿戴一定要整洁、干净、得体。面对顾客的疑问须详细、耐心地解答,不能对顾客的提问置之不理,要真心诚意地为顾客服务。在茶叶营销过程中倡导微笑服务,以拉近与顾客之间的感情,为顾客营造一个轻松、惬意的购物环境,使消费者有一种宾至如归的感觉。这样,不仅能够形成良好的品牌口碑效应,还能吸引回头客及其他潜在顾客前来购买。

251 茶叶深加工产品主要有哪些?

茶叶深加工行业按照开发产品的类别,可以归纳为以下几个方面:

(1)茶叶功能成分标准化提取物,例如茶叶中各类功能成分单体、茶红素、茶皂素、儿茶素等。

(2)速溶茶系列固体饮料,例如速溶红茶、速溶普洱茶等。

(3)灌装(瓶装)液态茶饮料,例如茶饮料公司开发的各类液态茶饮料。

(4)含茶食品,例如抹茶蛋糕、茶糖果等。

(5)含茶保健品与药品,例如茶多酚含片、胶囊等。

(6)含茶个人护理品与生活用品,例如添加茶叶成分的牙膏、牙刷、护肤霜、护发素、沐浴露、洁面乳、漱口液、抗菌剂、面巾纸等。

(7)动物饲料与保健品,例如茶叶废渣作为动物饲料、作物肥料、园艺产品加工的原料等。

(8)植物保护剂等。不论茶叶深加工产品涉及哪个领域、产品如何多样化,它们都离不开共同的物质基础:茶叶功能成分、速溶茶粉或浓缩茶汁、超微茶粉。

黑茶有什么收藏价值？

黑茶特性独特，宜贮存且越陈越香，泡茶存放可几天不馊，干茶存放不会长霉，这是由于微生物一直处于活跃状态，茶多酚氧化反应一直在进行。黑茶随着时间逐渐变性而不变质的独特品质，使收藏变得有意义。黑茶市场上，部分黑茶产品价格每年都在上涨，涨幅达 20%～30%，具有一定投资价值，但须量力而行，注意风险。此外，黑茶具有养生保健价值。随着时间的推移，黑茶中的大分子物质在酶促和氧化共同作用下，分解为氨基酸、茶多糖等小分子物质，逐渐提升了茶叶品质。

如何理性消费黑茶？

理性消费黑茶要注意以下几点：

（1）年份。相同配方的茶叶，年份早的价格相对较高。但这只是一个趋势，因受市场因素影响，某一段时间价格或许是下跌的。对于普通消费者来说，大可不必过度追求名山茶、年份茶，更应看中的是一款黑茶产品原料的好坏和制作工艺水平的高低。

（2）厂家。不同厂家同一配方的茶叶，著名大厂的茶叶价格较高，且有公价，可随时变现。小厂茶因信誉等问题，无市场参考价，变现难度极大。对于投资者来说，黑茶投资有一定风险，尽可能选择企业知名度较高的黑茶产品来投资。

（3）茶种。同一年份，乔木茶最贵，其次为野生茶，台地茶价格最低。所谓野生茶，只是一些商家引诱消费者的不合法称谓，真正的野生茶并不宜饮用，且大多在自然保护区内，盗采风险极大。

（4）仓储。黑茶需要长期存放才能发酵为成品，良好的、上规模的仓储环境极其重要。而老茶的数量有限，于是市场上出现了所谓湿仓茶，有的商家甚至提出"湿仓"茶存放的整套方案。这严重影响了黑茶的品质，损害了消费者的健康。

发展黑茶产业有何社会价值？

黑茶产业为幸福"三农"做出了重要贡献。地处鄂西南的武陵山区，拥有大量优质高山茶叶原料。过去该地区主要生产绿茶、红茶，因此只注重春茶的采摘，夏秋茶利用甚少。这主要是因为用夏秋季节原料加工出来的绿茶、红茶，其质量远不如春茶，造成茶农采摘积极性不高，茶区巨大茶叶资源闲置。

近些年，湖北有的茶叶研究机构致力于服务茶叶产业，为改善茶叶品质提升、提升茶园效益及茶农收益做了深入的实验和研究，走出了发展黑茶新路子。实施标准化高山茶园建设，分区域、分阶段、积极推进中小型机械化"耕作—采摘—修剪"

模式,降低了茶业劳动强度;注重茶区生态保护,坚持走生态种植持续发展之路,施用绿色防治技术和有机水肥措施,春、夏、秋三季合理安排采休时间,保障了茶鲜叶的优异品质和充沛的茶园土壤肥力。其低氟、无农残、高山优质原料,结合传统生产工艺加上现代化生物发酵技术,生产出来的黑茶口感醇厚,深受消费者喜爱,这不仅大大提高了夏秋茶利用率,也为茶叶市场注入了新的活力。

七、科学饮茶

255 一般情况下，如何科学饮茶？

众所周知，喝茶有益健康，尤其是长期坚持喝茶。而以茶养生的关键在于掌握好喝茶的最佳时间，在对的时间喝对的茶，就能起到事半功倍的效果。

（1）早上及上午喝茶。经过整个晚上的休息之后，人体消耗了大量的水分，血液浓度变大，早上喝一杯淡茶水，不但能快速补充身体所需的水分，清理肠胃，还可降低血压，有益健康，对便秘也能起到预防和治疗的作用。但是注意，早上喝茶一定不要喝浓茶，要比日常喝茶时淡一些，以红茶为宜。最好在早餐之后饮用，以防出现心慌、尿频等不适症状。上午，在繁忙的工作之余，冲饮一杯绿茶，不仅有利于抗癌、抗氧化，预防心脑血管疾病，还有助于提神醒脑，提高工作效率。

（2）下午喝茶。一般 15:00 左右喝茶，俗称下午茶。在这个时间喝茶，对人体能起到一定的调理作用，有助于增强身体抵抗力，还能预防感冒。通常以喝青茶或者红茶为宜。青茶，如铁观音性干凉，可以清肝胆热，化解肝脏毒素，且茶叶中含有丰富的维生素 E，具有抵抗衰老的功效。红茶性温和，有养胃、抗氧化、提神消疲、生津清热等功效。

（3）晚上喝茶。晚上也是可以适当饮茶的，但千万不要喝绿茶、浓茶，可以选择饮用黑茶，尤其是熟普。因为熟普性温，不会影响人体正常的睡眠。而且，晚饭后喝黑茶可以解油腻、顺肠胃、调节血脂，既暖胃又帮助消化。

256 绿茶有哪些保健功能？

绿茶是未经发酵制成的茶，因此较多保留了茶叶的天然物质。已分离鉴定的化学物质达 500 余种，其中主要的有机成分为茶多酚（20%～35%）、咖啡碱（3%～5%）、蛋白质（20%～30%）、糖类（20%～25%）、类脂（约 8%），此外还有少量氨基酸、芳香物质、多种维生素和有机酸等。无机成分中含量最多的是磷、钾，其次是钙、镁、铝、硫，另含有锌、铜、氟、铁、锰等微量成分。其中主要的活性成分为茶多酚、茶多糖、茶氨酸、叶绿素、咖啡碱、维生素等。

主要功能有：

（1）茶多酚是一类多羟基酚类化合物的总称，具有抗氧化、抗肿瘤、降血压、血糖和血脂、预防心脑血管疾病、降低肾病综合征的发病率等多种药理活性。茶多糖是从茶叶中提取的活性多糖的总称，它是一种富含糖醛酸和少量蛋白质的三元糖复合物，具有显著的降血糖及提高免疫力的作用。

（2）咖啡碱是茶叶中一种含量很高的生物碱，是中枢神经的兴奋剂，因此具有提神和保持耐力的作用，每杯 150 毫升的茶汤中含有 40 毫克咖啡碱。

（3）茶氨酸是茶叶中特有的游离氨基酸，是谷氨酸 γ-乙基酰胺，有甜味，是茶叶中生津润甜的主要成分，在干茶中占重量的 1%～2%。研究表明，茶氨酸具有镇静、保护神经细胞、降低血压、增强抗癌药物疗效等作用。

257 红茶有哪些保健功能？

红茶在发酵过程中多酚类物质的化学反应使鲜叶中的化学成分变化较大，会产生茶黄素、茶红素等成分，形成红茶特有的功能。此外，红茶富含胡萝卜素、维生素 A、钙、磷、镁、钾、咖啡碱、异亮氨酸、亮氨酸、赖氨酸、谷氨酸、丙氨酸、天门冬氨酸等。红茶的制作工艺及其丰富的内含成分促使其具有以下诸多保健功效。

（1）养胃。红茶是经过发酵烘制而成的，茶多酚在氧化酶的作用下发生酶促氧化反应，含量减少，对胃部的刺激性就减小了。另外，这些茶多酚的氧化产物还能够促进人体消化，因此红茶不仅不会伤胃，反而能够养胃。经常饮用加糖的红茶、加牛奶的红茶，能消炎、保护胃黏膜，对治疗溃疡也有一定效果。

（2）抗氧化、抗衰老。茶红素主要为儿茶素和茶黄素的高聚物，因此，三者在结构上具有相似性，故在功效上也具有相似性，具有抗氧化、抗衰老、抗突变、防癌、防肿瘤、抗炎症、抗白血病、抗神经毒素，预防肥胖、除臭等方面的药理学功效。

（3）提神消疲。红茶中的咖啡碱借由刺激大脑皮质来兴奋神经中枢，促成提神、思考力集中，进而使思维反应更加敏锐，记忆力增强；它也对血管系统和心脏具兴奋作用，强化心搏，从而加快血液循环以利新陈代谢，同时又促进发汗和利尿，由此双管齐下加速排泄乳酸及其他体内老废物质，达到消除疲劳的效果。

（4）生津清热。夏天饮红茶能止渴消暑，是因为茶中的多酚类、糖类、氨基酸、果胶等与口涎产生化学反应，且刺激唾液分泌，导致口腔觉得滋润，并且产生清凉感；同时咖啡碱控制下视丘的体温中枢，调节体温，它也刺激肾脏以促进热量和污物的排泄，维持体内的生理平衡。

258 黑茶有哪些保健功能？

黑茶除具有杀菌、降血压、抗氧化、延缓衰老、延年益寿等功效外，还具有以下几种特有的功能：

（1）助消化、解油腻、顺肠胃。黑茶中的咖啡碱、维生素、氨基酸、磷脂等有助于人体消化，调节脂肪代谢，咖啡碱的刺激作用更能提高胃液的分泌量，从而增进食欲，帮助消化。

（2）利尿解毒、降低烟酒毒害。黑茶中咖啡碱的利尿功能是通过肾促进尿液中水的滤出率来实现的，咖啡碱对膀胱的刺激作用既能协助利尿，又有助于醒酒，解除酒毒。同时，茶多酚对重金属毒物有很强的吸附作用，因而多饮茶还可缓解重金属的毒害作用。

（3）调节血脂、血糖、血压，防止血管硬化。茶多糖是黑茶中降血糖的主要成分，黑茶的茶多糖含量最高，且其组分活性也比其他茶类要强。黑茶中的功能成分可以通过两个方面调节血浆中胆固醇水平，一方面可以与胆固醇结合生成不溶性沉淀，从而抑制胆固醇含量；另一方面可以促进胆固醇代谢，降低血脂含量。黑茶还具有良好的降解脂肪、抗血凝、促纤维蛋白原溶解作用，能显著抑制血小板聚集，使血管壁松弛，增加血管有效直径，从而抑制主动脉及冠状动脉内壁粥样硬化斑块的形成，达到降压、软化血管，防治心血管疾病的目的。

（4）补充膳食营养。黑茶中含有较丰富的营养成分，最主要的是维生素和矿物质，另外还有蛋白质、氨基酸、糖类物质等。对主食牛、羊肉和奶酪，饮食中缺少蔬菜和水果的西北地区的居民而言，长期饮用黑茶，是他们人体必需矿物质和各种维生素的重要来源，有生命之茶之说。

 259 乌龙茶有哪些保健功能？

乌龙茶含有的化学成分复杂，主要有多酚、色素、生物碱、氨基酸、碳水化合物、蛋白质、挥发性化合物、氟化物、矿物质、微量元素等。研究表明，乌龙茶富含茶多酚、茶多糖、茶色素、生物碱、氨基酸等多种生物活性成分，表现有体重控制、防治心血管疾病、抗糖尿病、抗突变及抑制癌症、抗过敏、抗病原菌及肠道调节等功效。此外，乌龙茶作为半发酵茶，保留了部分鲜叶中的儿茶素和维生素 C，加工过程中产生的儿茶素低聚体及香气成分均有优良的抗氧化、清除自由基能力。乌龙茶中的氟元素可降低牙釉质中羟基磷灰石的溶解，改善晶体结构，使已脱钙的釉质再矿化，氟元素还可抑制致龋菌生长，抑制酶的活性，减少细菌对釉面的吸附，可预防龋齿。

 260 黄茶有哪些保健功能？

黄茶除具有绿茶、红茶等茶系"解渴生津"的共性功效，品饮黄茶具有醒神、宁心、降血糖、利尿、清热、排毒、养颜、美容、保健等奇效。由于其独特的加工工艺，黄茶还具有以下功能：

（1）促进消化。黄茶是沤茶，在沤的过程中会产生大量的消化酶，保护脾胃，提高食欲，帮助消化。

（2）预防食道癌。黄茶中含有茶多酚、氨基酸、可溶性糖、维生素等多种营养物质，对食道癌等疾病也有一定的食疗和预防作用。

（3）杀菌消炎。黄茶鲜叶中天然物质成分保留达85%以上，亦能有效辅助杀菌、消炎。

（4）降脂减肥。黄茶在沤制过程中产生的消化酶还能促进脂肪的代谢，减少脂肪的堆积，在一定程度上还能化除脂肪，是减肥的佳品。

261 白茶有哪些保健功能？

白茶制法独特，只经适度的自然氧化，因此保留了更多的营养成分和保健品质，六大茶类白茶的氨基酸、黄酮类、茶多糖与咖啡碱含量比鲜叶与各茶类都高，而且氨基酸比鲜叶含量还高出近一倍。白茶含有对人体具有特殊功效的功能性成分，如茶多酚、咖啡碱、茶多糖、茶黄素、茶氨酸、γ-氨基丁酸等，各种成分对人体的效应各有侧重，总结如下：

（1）茶氨酸具有安神、降血压、增强记忆、提高免疫功能等多种保健功效；黄酮类化合物具有增强毛细血管抵抗性、抗氧化、降血压、除臭等功效；咖啡碱是茶汤滋味的重要组分，带苦味，具刺激性，有提神兴奋、强心、利尿、消除疲劳、抗过敏、抗喘息等作用；可溶性糖类是茶汤甜味的重要物质，还参与茶叶香气的形成，茶多糖能降血糖、降血脂和防治糖尿病、抗辐射，保护造血功能，增强免疫功能，还具有抗凝血、抗血栓等功能；白茶的香气成分以醇类化合物为主，对人体可起镇静、镇痛、安眠、放松、抗菌、消炎、除臭等多种作用。

（2）由于白茶性寒凉，味清淡，是民间常用的降火凉药，具有消暑生津，退热降火、清凉解毒、安神益思、消食解腻、和胃止泻、消炎止痛、明目洁齿、利尿通便等功效。

262 "泡茶四要素"指的是什么？

（1）茶叶用量（茶水比）。根据不同的茶类、加工方法和茶叶等级而定。一般，细嫩的茶叶用量稍多一点，成熟的茶叶用量稍少一点；加工时揉捻轻的茶叶用量稍多一点，加工时揉捻重的茶叶用量稍少一点。高档绿茶茶水比为1：50左右；普通绿茶、红茶、花茶为1：（60～80）；乌龙茶，习惯浓饮，茶汤量少而味浓，茶水比为1：（20～30）。

（2）泡茶水温。水温的高低，要根据茶叶老嫩、松紧、大小等情况来定。粗老、紧实、叶大的茶叶，其冲泡水温要比细嫩、松散、叶碎的茶叶高。高档名优绿茶，如西湖龙井、信阳毛尖、碧螺春等，常采用85～90℃水温；普通绿茶、花茶为90～

95℃；乌龙茶、红茶及黑茶为 100℃；细嫩名优红茶水温以 90℃ 为宜。

（3）冲泡时间。茶的滋味是随着冲泡时间延长而逐渐增浓的。高档绿茶，一般冲泡 2～3 分钟饮用，饮至剩下 30% 时加水；乌龙茶多用小茶壶冲泡，茶多水少，用现沸开水冲泡，时间宜短，第一泡以 1 分钟为宜，以后每次应比前一泡增加 15 秒左右；大宗红茶、花茶采用大壶泡，3 分钟后即可分饮。

（4）冲泡次数。名优绿茶，通常冲泡 2～3 次即可；乌龙茶或红茶可连续冲泡 5～6 次，乌龙茶甚至更多，有七泡有余香之说；袋泡碎茶冲泡一次即可。

263 为什么说"水为茶之母，器为茶之父"？

这句话强调了泡茶用水与泡茶器具的重要性。

（1）"水为茶之母"强调水是茶的载体，茶的色、香、味以及各种营养物质，都要溶于水后，才能供人享用。水质欠佳，则不能体现茶的真味。符合"清、轻、甘、冽、活"五项指标的水，才称得上宜茶美水。①水要"清"。指水质无色透明、清澈可辨，这是泡茶用水的基本要求。②水要"轻"。硬水中含有较多的钙镁离子，会加重茶汤苦涩味，对汤色也不利。③水要"甘"。好的山泉水入口甘甜，用来泡茶自然会增添茶之美味。④水要"冽"。因寒冽之水多出于地层深处的泉脉之中，所受污染少，泡出的茶汤滋味纯正。⑤水要"活"。活水有自然净化功能，且活水中的氧气和二氧化碳等气体含量较高，泡出的茶汤鲜爽可口。

（2）"器为茶之父"，泡好一杯茶，选用一套合适的茶具也是必不可少的。①冲泡各种绿茶、花茶、红茶以及白毫乌龙时，宜选用高密度瓷器，如白瓷、青瓷等，以利于保存茶香。②透明玻璃杯亦可用于冲泡名优绿茶和红茶，便于观形、色。③乌龙茶、普洱茶等，宜用低密度的紫砂壶冲泡。因其气孔率高、吸水量大，持壶盖即可闻其香气，尤显醇厚。

264 如何科学冲泡绿茶？

（1）上投法。先向杯中注入约七分满热水，再投茶，特别适用于碧螺春等细嫩紧致的茶，外形松散的茶叶忌用此法。

（2）中投法。先向杯中注入 1/3 的热水，再投茶，轻摇润茶后再向杯中注水七分满，条索松散的绿茶一般用此法冲泡。

（3）下投法。先将茶叶投入杯中，再注入 1/3 的热水浸润，轻摇润茶后再向杯中注水至七分满。此法适用于条索扁平、自重轻的茶，如龙井茶。

265 如何科学冲泡红茶？

（1）泡茶用水选用纯净水或山泉水，最好不用自来水。

（2）水温以 90 ～ 95℃ 为宜。

（3）选用可茶水分离的茶具进行冲泡，一般第 1 泡时间约 10 秒，第 2、3 泡时间 5 ～ 6 秒，第 4 泡时间约 10 秒，也可根据个人口味，适当延长或缩短泡茶时间。

（4）选用玻璃茶具可更好地鉴赏红茶汤色，且用茶滤过滤两道，汤色更佳。

 如何科学冲泡黑茶？

（1）泡饮法（图 79）。①投茶：将黑茶 4 ～ 5 克投入杯中，玻璃杯或盖碗均可。②注水：按 1∶40 左右的茶水比例注沸水冲泡。③泡茶：按个人喜好，酌情增减泡茶时间。

图 79　黑茶泡饮法（湖北青砖茶）

（2）传统煮饮法（图 80）。取黑茶 20 ～ 30 克，投入煮茶壶中，注水 1 200 毫升左右，烧沸后再煮两分钟即可。据史料可查，早在唐宋时期，国人饮茶便多采用煮泡方式。煮泡方式更容易使茶叶内含物质进入茶汤，使口感更丰富。

图 80　黑茶煮饮法（湖北青砖茶）

（3）奶茶饮法。按传统煮饮法煮好茶汤后，按奶、茶汤 1∶5 的比例调剂，然后加适量盐，即成特色的奶茶，奶茶饮法在我国西北牧区十分常见。

 如何科学冲泡乌龙茶？

（1）备水。最好选择山泉水、井水或纯净水。

（2）备具。准备一套茶具，包括茶壶、双层茶船、品茗杯（若干）、赏茶碟、茶叶罐、茶道组合（1套）、茶巾1块、开水壶等。

（3）温壶。开启茶壶盖，用沸水回旋注入茶壶中，冲水量约2/3，并让沸水在壶中晃动，使整把茶壶均匀受热。然后用手提起茶壶，将茶壶中的水倒入品茗杯中，进行烫杯。

（4）置茶。乌龙茶投放量一般为1克茶冲泡20毫升水，茶叶占壶的1/2为适宜。

（5）洗茶刮沫。用煮沸的水从壶边冲入。接着用壶盖在壶口边缘平刮几下，将白沫刮去，盖上壶盖，再用沸水在壶外面冲淋（俗称"春风拂面"）。将第一泡茶水倒入品茗杯，继续烫杯、提高温度。

（6）冲泡。将沸水采用悬壶高冲的方法，冲入壶中。

（7）分茶。分茶时必须来来去去巡回将茶汤倒入每个品茗杯中，目的是使每杯茶都浓淡均匀，俗称"关公巡城"。

（8）点茶。最后将壶底几滴最浓最香的茶汁滴入每杯中，使各个茶杯的茶汤浓度达到一致，称为"韩信点兵"。

（9）品茶。先端起杯子慢慢由远及近闻香数次，后观色，接着小口品尝，让茶汤寻舌而转，充分领略茶味后再咽下。

268 如何正确看待"洗茶"？

洗茶，从词义上讲就是把茶叶洗一洗。尤其用茶壶冲泡工夫茶时，人们习惯先将茶壶冲上水浸泡一会儿，再把第一泡茶水倒掉。有些茶人解释洗茶是为了洗去茶叶中不干净的夹杂物。其实，据学者考证，"洗茶"一词源于北宋，原属于茶叶采制过程用语，后延伸至饮用过程中。而洗茶不仅是为了洗去茶叶中不卫生的东西，更主要是通过浸泡，激发茶叶香气，利于茶叶舒展和茶汁浸出。因此，洗茶时应注意以下两点：一是洗茶要迅速。水注入后不可长时间停留，应尽快倒出，以免茶叶中的有效成分流失。二是水温不要过高。温度过高，会破坏茶叶中的维生素、氨基酸等营养物质，同时茶叶中的香气成分也会大量挥发，从而影响后续茶汤品质。一般用80℃的热水进行洗茶。对于铁观音等乌龙茶，建议将烧开的沸水凉置片刻再行洗茶。

269 废茶叶有何妙用？

（1）吸潮除异味。将喝剩的茶渣晒干装入纱布袋里，放在冰箱内，可祛除鱼、肉等食物散发出来的腥味；放在厨房里，有助于消除烹饪产生的气味；放在厕所里，可消除臭味；放在衣柜、鞋柜里，可除潮祛异味。

（2）去垢去油。用废茶叶擦洗有油污的锅碗、桌椅，可使之更为光洁。

（3）沐浴美肤。收集饮茶后的茶渣,自然晾干后装入棉布袋中,系紧袋口后投入浴缸,浴后会感觉肌肤柔嫩光滑。

（4）做绿茶面膜。调制面膜时,加入适量绿茶末,不仅有助于润肤养颜,还对粉刺、化脓等有一定疗效。

（5）消除黑眼圈。用隔夜的茶包敷眼睛,可有效缓解因熬夜、水肿等原因引起的暂时性黑眼圈、眼部浮肿。

（6）治疗脚气。坚持每晚将茶叶煮成浓汁来洗脚,对治疗脚气很有帮助。注意最好选用绿茶。

（7）洗发美发。用洗发液洗过头发后,再用茶水冲洗,可以去除多余的垢腻,使头发乌黑柔软、光泽亮丽。

（8）煮茶叶蛋。先将鸡蛋煮熟,把蛋壳轻轻敲碎,然后再将茶叶放入水中继续煮,以使茶叶更好地入味。

270 什么是茶艺?

台湾茶艺专家蔡荣章先生认为茶艺是指饮茶的艺术而言——讲究茶叶的品质、冲泡的技艺、茶具的玩赏、品茗的环境以及人际间的关系,那就广泛地深入到茶艺的境界了。通俗地说,茶艺就是泡茶的技艺和品茶的艺术。不仅要科学地泡好一壶茶,还要艺术地泡好一壶茶。不但要掌握茶叶鉴别、火候、水温、冲泡时间、动作规范等技术问题,还要注意冲泡者在整个操作过程中的艺术美感问题。茶的冲泡艺术之美表现为仪表的美与心灵的美。仪表的美指冲泡者的外表,包括容貌、姿态、风度等;心灵的美是指冲泡者的内心、精神、思想等,通过冲泡者的设计、动作和眼神表达出来。茶艺馆从业人员如果能将自己的工作看作是从事一项普及茶文化知识、充满诗情画意的艺术活动,那将是一件很有意义的事情。

271 茶桌上要注意哪些礼仪?

（1）凤凰三点头,即用手提水壶高冲低斟反复三次,寓意向来宾3次鞠躬以示欢迎。

（2）在进行回转注水、斟茶、温杯、烫壶等动作时,右手按逆时针方向回旋,左手按顺时针方向回旋,寓意欢迎;反之则变成挥斥。

（3）放置茶壶时,壶嘴不能正对他人,否则表示请人赶快离开。

（4）斟茶时只七分满即可,寓意"七分茶三分情"。俗话说"茶满欺客",同时也便于握杯啜饮。

（5）给客人奉茶时,右手在茶杯下半段1/2处,左手在下托着茶杯,避免手指触碰杯口,给客人不卫生的感觉。

（6）两杯以上要使用托盘奉茶，且托盘勿置于正胸前，避免茶杯离口鼻太近。

（7）奉茶次序讲究以客为先，以充分显示对客人的尊重。当不知道哪位是主宾时，可按顺时针方向依次奉茶。

（8）将茶杯搁置在客人方便拿取之处，避免茶水被打翻。

（9）给客人加水时，最好将茶杯拿到桌子拐角处再加水，以免水溢出弄湿桌上物品。

（10）应在托盘内准备一块湿纸巾或干净的小毛巾，随时擦干桌面上的水渍。

（11）主人为客人添茶时，客人可使用叩茶礼（叩指礼），即将手弯曲，用几根手指轻叩桌面，以示感谢。

 不同季节适宜喝什么茶？

（1）春季宜喝花茶和单丛。春天重点在于疏通肝气，而芳香类物质有通窍的功效，所以可多喝单丛与茉莉花茶。新鲜绿茶在春季寒气还太重，不宜多喝，体寒者尤其要注意。

（2）夏季宜饮绿茶和铁观音。夏天消暑解渴首选绿茶。此外，铁观音、台湾高山茶也是不错的选择，体质好的人还可以喝些生普洱。

（3）秋天适合喝青茶，如当年的铁观音或头一年的武夷岩茶，因为青茶性、味介于绿茶、红茶之间，不寒不温，既能清除体内余热又能生津养阴。

（4）冬季宜饮红茶和熟普。红茶，性甘温，可养人体阳气，也可生热暖腹，增强人体抗寒能力；熟普，茶性也比较温和，还可助消化，去油腻，具有养胃、护胃的作用。因此，都是冬季饮茶的不错选择。

 不同体质的人适宜喝什么茶？

（1）绿茶性寒，适合体质偏热、胃火旺、精力充沛的人饮用。此外，绿茶有很好的防辐射效果，非常适合常在电脑前工作的人。

（2）白茶性凉，适用人群和绿茶相似。但一般来说"绿茶的陈茶是草，白茶的陈茶是宝"，陈放的白茶有去邪扶正的功效。

（3）黄茶功效也跟绿茶大致相似，但黄茶滋味更加醇厚，因此适用人群也更加广泛。

（4）青茶（乌龙茶）性平，适宜人群最广。

（5）红茶性温，适合胃寒、手脚发凉、体弱、年老者饮用。饮用时，加少许牛奶、蜂蜜，口味更好。

（6）黑茶性温，能去油腻、降血脂，适当存放后再喝，口感和疗效更佳。

 空腹能不能饮茶？

早起后最好不要空腹饮茶，因为茶叶中含有较多的单宁酸，单宁酸具有收敛作用,容易引起便秘。此外,茶叶中所含的咖啡碱、可可碱、茶叶碱等生物碱对中枢神经系统、心血管系统、消化系统、呼吸系统、生殖系统、内分泌及代谢系统等方面的生理活性都有显著的影响,空腹饮茶不仅容易引起心悸、震颤、胃肠生理功能失调、血压升高等不良反应,还可能出现头晕、焦虑、手脚无力等症状,即"茶醉"。为充分发挥茶叶的保健功能,建议大家最好在饭后 1 小时之后再来饮茶。

参 考 文 献

［1］ 阚能才.茶树起源与川渝野生茶树分布研究[J].西南农业学报,2013,26(1):382-385.

［2］ 蓝允明.茶树湿害产生的原因和防治对策[J].茶叶科学技术,2008(2):45.

［3］ 单秋月,赵燕.茶叶包装的材料选择与外观设计[J].福建茶业,2015(6):76-77.

［4］ 姚元涛,王长君,田丽丽,等.山东无性良种茶园抗旱与节水灌溉技术[J].山东农业科学,2013,45(6):110-111.

［5］ 葛衡,杨清,张广成.茶鲜叶保鲜及预处理技术的研究现状[J].贵州茶叶,2011,39(3):8-11.

［6］ 程道南.茶叶采摘标准及技术[J].现代农业科技,2013(23):93-95.

［7］ 石磊,汤凤霞,何传波,等.茶叶贮藏保鲜技术研究进展[J].食品与发酵科技,2011,47(3):15-18.

［8］ 杨娟,钟应富,罗红玉,等.红茶贮藏过程中主要内含成分及感官品质变化的研究[J].中国茶叶加工,2017(2):16-20.

［9］ 张勇.茶园耕作技术[J].现代农业科技,2015(20):46.

［10］ 骆耀平.名优茶叶生产与加工技术[M].北京:中国农业出版社,2014.

［11］ 李发云.浅析中低产茶园土壤的改良技术与措施[J].四川农业科技,2016(5):40-43.

［12］ 郭琳.茶园土壤的酸化与防治[J].茶叶科学技术,2008(2):16-17.

［13］ 贾永贵,王俪梅,段淑娟.茶园土壤改良技术研究[J].现代农业科技,2015(8):232-235.

［14］ 严团章,肖秀丹,杨学文.宜昌市夷陵区新垦茶园土壤综合改良技术研究[J].现代农业科技,2014(17):242-246.

［15］ 谭琳,谭济才,张春艳.浅谈有机茶园的生态建设[J].茶叶通讯,2005,32(1):41-44.

［16］ 张彩青,孟慧,王登良.遮阳网覆盖对茶树高产优质的影响[J].广东茶业,2013(5):5-7.

［17］ 张文锦,林春莲,熊明民.茶树遮阴效应研究进展[J].福建农业,2007,22(4):457-460.

［18］ 石春华.茶树病虫害绿色防控技术彩图详解[M].北京:中国农业出版社,2013.

［19］ 姜宝林.浅谈绿茶的营养保健功效//中国中西医结合学会.第四届全国中西医结合营养学术会议论文资料汇编[C].中国中西医结合学会,2013:3.

［20］ 郑淑娟,盛耀,欧小群,等.渥堆黑茶香气和主要功效研究进展[J].食品工业科技,2016,37(20):366-376.

［21］ 陈军如.乌龙茶的品质特点与保健作用简述[J].贵州茶叶,2012,40(3):17-19.

［22］ 杨伟丽,肖文军,邓克尼.加工工艺对不同茶类主要生化成分的影响[J].湖南农业大学学报(自然科学版),2001(5):384-386.

［23］ 汤鸣绍.中国白茶的起源、品质成分与保健功效[J].福建茶叶,2015,37(2):45-50.

［24］ 安徽农学院.制茶学[M].北京:中国农业出版社,1989.

[25] 段新友.四川名优绿茶机制技术[J].中国茶叶,2001(50):14-15.

[26] 郭敏明.浙江名优绿茶机制技术[J].浙江农业科学,2004(6):351-352.

[27] 方世辉.几类常见名优绿茶的机制技术[J].茶叶机械杂志,2001(1):18-21.

[28] 覃启平,沈仁春.浅谈名优绿茶机制工艺中的五个要点[J].茶叶通讯,2003(3):20-22.

[29] 宋光智.手工名优绿茶的炒制[J].北京农业,2013(9):195-196.

[30] 胡绍德.扁形名优茶的机制工艺[J].福建茶叶,2002(1):33.

[31] 徐旻娟,邹晓庆.中国名优绿茶及其加工工艺[J].南方农业,2014,8(24):121-122.

[32] 袁林颖,钟应富,张莹,等.红茶萎凋技术研究现状与展望[J].南方农业,2014,8(7):63-67.

[33] 吴泽球,陶中南. 茶叶烘干机械的技术现状及研究进展[J]. 食品与机械,2014,30(1):263-265.

[34] 雅娟.茶叶的干燥技术研究进展[J].福建茶叶,2005(3):22-23.

[35] 茹赛红,曾晖,方岩雄,等.微波干燥和热风干燥对金萱茶叶品质影响[J].化工进展,2012,31(10):183-186.

[36] 仇方方,余志,艾仄宜,等.热风提香温度对工夫红茶品质的影响[J].广东茶业,2015(4):20-22.

[37] 沈强,牟小秋,郑文佳,等.提香处理对贵州珠形茶品质及香气成分的影响[J].贵州农业科学,2012(3):171-175.

[38] 张凌云,张燕忠,叶汉钟.采摘时期对重发酵单丛茶香气及理化品质影响研究[J].茶叶科学,2007,27(3):236-242.

[39] 方世辉,张秀云,夏涛,等.茶树品种、加工工艺、季节对乌龙茶品质影响的研究[J].茶叶科学,2002,22(2):135-139.

[40] 刘洋,胡军,李海民,等.乌龙茶香气成分研究进展[J]. 安徽农业科学,2009,37(33):333-336.

[41] 周才碧,张敏星,穆瑞禄,等.白茶萎凋技术的研究进展[J].农产品加工(学刊),2014(1):48-50.

[42] 李娜娜.新梢白化茶树生理生化特征及白化分子机理研究[D].杭州:浙江大学,2015.

[43] 卢翠,沈程文.茶树白化变异研究进展[J].茶叶科学,2016,36(5):445-451.

图书在版编目（CIP）数据

现代茶叶生产实用技术问答 / 王友海，邬运辉，邓余良主编.--武汉：湖北科学技术出版社，2019. 5（2020.11 重印）

（丘陵山区迈向绿色高效农业丛书）

ISBN 978-7-5706-0604-7

Ⅰ．①现… Ⅱ．①王… ②邬… ③邓… Ⅲ．①茶树—栽培技术—问题解答 Ⅳ．①S571. 1-44

中国版本图书馆 CIP 数据核字（2019）第 023051 号

现代茶叶生产实用技术问答
XIANDAI CHAYE SHENGCHAN SHIYONG JISHU WENDA

责任编辑：邱新友　王贤芳　　　　　　　　　　　　封面设计：曾雅明

出版发行：湖北科学技术出版社　　　　　　　　电话：027-87679468
地　　　址：武汉市雄楚大街 268 号　　　　　　　邮编：430070
　　　　　　（湖北出版文化城 B 座 13-14 层）

网　　　址：http://www.hbstp.com.cn

印　　　刷：荆州市精彩印刷有限公司　　　　　　　　　　邮编：434000

787×1092　　　　1/16　　　　9 印张　　　　　　　194 千字
2019 年 5 月第 1 版　　　　　　　　　　2020 年 11 月第 4 次印刷
　　　　　　　　　　　　　　　　　　　　　　　定价：32.00 元

本书如有印装质量问题　可找本社市场部更换